運動型食譜

簡單做就美味、提升體能、加速恢復的補給區美食！

THE FEED ZONE COOKBOOK

BIJU THOMAS & ALLEN LIM

畢朱・湯瑪斯＆亞倫・林 著

蔡孟儒 譯

目次

補給區實驗室

補給區廚房重地

果汁 ⭐
甜菜根果汁食譜
請見第113頁。

「**畢朱的料理簡單到不可思議，但是滋味真的是五星級**……看了他的料理，你一定會忍不住也想自己動手做菜。」

——馬修・布許（Matthew Busche），RadioShack職業自行車隊

「**亞倫‧林一直告訴我們，要大家吃真材實料、天然的食物。**他們的料理帶給你無窮的精
力和復原的能量，比任何保健補給品更有效……」

——盧卡斯‧尤瑟（Lucas Euser），SpiderTech車隊

前言：吃飯不再是一件無聊的差事

自從15年前成為職業自行車手以來，飲食和營養一直是我在場上表現的關鍵，不過並不是每場賽事都能提供優質伙食，我也一直沒把這問題放在心上。直到2011年3月，我在西班牙的環加泰隆尼亞賽事上胃部舊疾突然引起迸發症，又因為賽事大會提供的飲食不好，最後落得住院的下場。

事情發生的當下，正好是賽季剛開始的準備階段，我有點擔心健康問題會影響我接下來的環加州賽。對自行車手來說，環加州賽可是超級重要賽事，僅次於環法，所以我想還是先回美國稍作休息，讓飲食和訓練重回正軌。我也知道，光靠自己還不夠，於是問了本書作者亞倫和畢朱願不願意陪我到猶他州的帕克市，一同參加兩個星期的訓練營。兩位仁兄一口答應，而且從抵達營地的那一刻就開始幹活。他們並不清楚我的腸胃哪裡有毛病，所以決定回歸基本面，主菜和配料盡量從簡，以便找出適合我的飲食。

我的體力日漸恢復了。 ★

首先，早餐只有一大碗燕麥粥，配上畢朱準備的綜合烘焙堅果、水波蛋和甜菜根果汁。碰上訓練時間較長的日子，午餐大多都吃雞肉香腸營養米棒，訓練結束再來一盤無麩質的通心麵沙拉、雞絲炒飯或一碗熱湯。晚餐菜色更豐盛，從炙燒牛排到煙燻鮭魚義大利麵應有盡有；畢朱也做過印度茄汁優格咖哩雞，配上一道色澤賞心悅目的沙拉，甜點則是一大碗水果淋上蜂蜜和優格。我後來體力日漸恢復，順便還跟著畢朱和亞倫磨練廚藝，學了幾道新料理。

那次，我取得了我職業生涯的最大勝場，
而我也開始做起本書作者的料理。

訓練營結束時，我感覺自己狀況很好，參加環加州賽時應該不錯，但心裡也清楚，賽事期間若要維持最佳狀態，必須由畢朱和亞倫兩個人來負責我們車隊的飲食。比賽前一晚，畢朱和亞倫開著一輛破舊的露營車風塵僕僕翩然抵達，靠著兩台卡式瓦斯爐和幾個鍋碗瓢盆，就煮出隊員們這輩子吃過最美味的賽事伙食。歐洲車手們以往從沒在賽事期間吃過好料理，當晚吃飽後發現雙腿狀況極佳，許多人不禁大嘆之前竟沒有好好利用飲食增加自己的表現。

最棒的是，車隊成員一起坐下來好好享受佳餚，心裡不再老是掛念著比賽，這樣反而讓隊友可以真心相處共聚。我們借了一座棚子搭起來，底下擺幾條公園長椅。有些隊員已經加入這個車隊好幾年了，卻是首度所有人一起邊吃晚餐邊談天說笑，聊著以前從未提過的事。終於，吃飯不再是一件無聊的差事。我們的體能狀態好到一個程度，能夠在難度最高的兩個賽段拔得頭籌，最後由霍納勇奪總冠軍，我也抱回一座亞軍獎盃。

環加州賽落幕不久，環瑞士賽緊接開戰。我在最後一站計時賽一舉追上原先落後的兩分鐘，最終以領先四秒的成績拿下總冠軍。兩個月前我還躺在西班牙的醫院，做夢也想不到兩個月後，竟然能創下職業生涯最了不起的戰績！驚喜不只這麼一椿，賽程結束後，我開始試做本書作者的料理，有一次甚至將書裡面的晚餐端上桌。雖然不如兩位作者，但自己按著書裡做出來的菜色，仍然是我在任何比賽前所吃過最美味的料理了。兩位作者不僅幫我把2011年賽季的不良開端完全救回來，甚至把2011年變成最美好的一年。他們帶我踏進廚房，使我終於動手做料理。

李維・萊法莫（Levi Leipheimer）
美國Radioshack職業自行車隊

前言：提升體能至最佳狀態，同時也要享受美食

我是運動員，我需要食物當燃料提供能量，所以食物對我非常重要。我每一天的表現有多好，是由比賽前、中、後所吃進的食物決定的。吃垃圾食物，表現得就像垃圾。

多日分站賽最能體會飲食的重要性。差勁的伙食不僅無法補充身體能量，也很難提振精神。好不容易撐到比賽第四天，馬不停蹄騎了五小時，此時我最厭惡的就是看到一堆白吐司配通心麵，還有簡直吞不下去的水煮雞肉。這些東西對我疲憊的身軀毫無助益，更會害我意志崩潰。

我知道外面有各種好吃健康又方便的食材和餐點，對選手很有幫助。然而人在比賽身不由己，車隊或主辦單位提供什麼，我就只好吃什麼，因此比賽期間吃的多半是廉價又沒營養的食物。2011年賽季有幾場比賽裡，本書的兩位作者一有機會就幫我偷渡一些晚餐給我。那些才叫做真正的美食！我還記得當時我快步走過大會自助用餐區，直奔走廊角落，兩位作者就在那裡做出藜麥沙拉佐新鮮甜菜根，再配上一塊肉，健康又好吃。小小幾道菜不僅讓我開心一整天，也讓我感到身體已經充分復原，可以繼續挑戰隔天的比賽。

環加州賽事期間，有幾場分站賽結束後，我立刻偷偷溜出自己車隊的巴士，跑到兩位作者的露營車報到，那裡是他們的實驗廚房。經過一整天激烈運動之後，椰子水和營養米棒是最佳的身體補品，風味十足又能快速恢復體力。

世界上到處都有營養豐富的飲食，材料很容易取得，而且料理方式又很簡單。一個運動員坐下來好好吃頓飯的最大目的有兩個：提升體能至最佳狀態，同時也要享受美食。而這本由亞倫和畢朱撰寫的祕方大全《運動型食譜》，就能讓你同時達到提升體能、美味可口的目的。

畢竟，運動已經是這麼耗費體力的事了，當然要大啖美食犒賞自己！

提姆‧達根（Timmy Duggan）
義大利Liquigas-Cannondale職業自行車隊

理論與實踐

求學時期，我在科羅拉多巨石市的州立大學攻讀整合生理學位，拿博士後不到半年，就加入職業自行車隊環賽。我當時非常有自信，自認接受過高品質的教育，求學過程又很用功，不但已經把各種能量代謝的知識都融會貫通了，還擁有運動生理學與營養學的教學經驗，更曾針對職業自行車賽的體能需求與代謝需求做過研究與田野調查。只要提到生物能量與營養學，我開口閉口都是碳水化合物、脂肪、蛋白質等等，像背書一樣講出一

大串生化反應路徑，連我都佩服自己有辦法把這些理論倒背如流。我深信自己已經準備好學以致用了。

我算是本科出身，大家常來問我飲食方面的問題，譬如吃什麼、吃多少、何時吃等等。我馬上發現，空講一堆專業的學術詞彙，根本沒辦法幫助自行車手改善飲食，與其向他們解釋「ATP合成酶的化學反應」或「肌肉儲存肝醣的步驟」，還不如直接幫他們規劃三餐。那時我還抓不到要領，畢竟我不是專業大廚或膳食專家，連自己的飲食都好不到哪裡去。過去10年來我亂吃一通，有時直接站在廚房水槽前吃完一餐，有時邊用電腦邊吃飯，不然就是在穿梭校園途中邊走邊吃，跟一般研究生一樣不重視飲食。有次我和車隊在歐洲比賽，第一天晚上看到自己負責的車手只有一碗穀片當晚餐。就在那瞬間我決定：一定要讓大家吃得更好。

理論與實務兩者雖有衝突，但如果想在理論或實務面取得成功，共同的原理是：找出新創見，不要老是一直老調重彈。 ★

我必須教導這些運動員一些簡單又實用的食譜，有時還要教他們怎麼買菜切菜，連煎蛋都要教。至於已經很會做菜的車手，我也會想辦法把專業的營養知識放進他們的料理過程中。

這時我做了一件每個優秀科學家都會做的事：打電話問媽媽。我一手拿筆一手拿紙，不停問問題。小時候常吃的、包在粽葉裡的東西是什麼？煮麵的時候要配什麼菜？那個超好吃的咖哩是怎麼做的？以前在唐人街麵包店買的米棒點心是什麼東西？凡是理論無法解決的問題，我回過頭往自己的傳統和背景尋求答案。飲食作家麥可·波藍（Michael Pollan）說得好：「文化就是媽媽的家常料理。」

是幸也是不幸，身為一個亞裔美國移民，後來跟著車隊住在歐洲，我從歷史傳統裡找到的答案，完全融不進去僵硬陳舊的歐洲自行車文化。比賽結束後歐洲車手通常會吃法國麵包三明治，偏偏我這人不喜歡舊習慣，於是有天我把電鍋搬到車隊巴士上，煮了一鍋新鮮的米飯給車手吃。我煮飯的原因並不是在某篇科學期刊上看見什麼新知，純粹是因為煮飯很簡單，而且是我拿手的料理。顯然煮飯對許多醫護和炊事人員來說，是一種褻瀆的行為，巴士司機尤其不爽。他們罵了很多種族歧視的話，指摘我破壞規矩，但一切是值得的，車手的反應非常好，他們喜歡這種改變，同時成效也直接反映在胃口和比賽表現上。這種良好的回饋一直指引著我，繼續朝著我的方向努力。

電鍋加上我媽的食譜，開啟了我和運動員的話匣子。我們互相發問，彼此

學習。為什麼早餐喜歡吃炒蛋配飯？改成燕麥加水波蛋的效果一樣嗎？水煮馬鈴薯加鹽和起司粉，跟營養棒比起來哪一種比較好？主餐前後吃沙拉，哪一種比較容易消化？一天可以吃多少纖維？你喜歡中國菜嗎？對我而言，一來一往的問答是最自然的反應，成果也很鼓勵人。理論與實務兩者雖有衝突，但如果想在理論或實務面取得成功，共同的原理是找出新創見，不要一直老調重彈。

實地研究

繞了一圈，我又重回理論的懷抱，只是這次並非理論本身派上用場，而是針對理論不斷創新發想和實驗，進而獲益。實地研究和實驗室裡的研究完全不同，尤其是要針對居家和外出的飲食營養做研究時，必須更加注重個體之間的差異。每個人都不一樣，與其找出全體有效的飲食方法，還不如針對個人需求做調整。我不管別人對理論的反應，反而開始鼓勵運動員仔細觀察自己的身體，密切注意吃下肚的食物如何影響體能表現。「奧坎剃刀原則」（OCCAM'S RAZOR）的核心是：其他條件皆相同時，最簡單、最少假設的方法就是最好的方法。套用在日常生活，若其他條件都相同，吃哪些食物會使得身體感覺很差，就最好別再吃了。

可惜，現實比理論複雜得多。理論只能靠有限的資訊建立假設，然而營養本身以及與營養相關的理論既複雜又多變，每年發現的新知識固然增長了大家的見聞，同時也搞得大家暈頭轉向。此外，市面上越來越多產品聲稱吃了頭好壯壯，會像超人那樣無敵，包括營養棒、能量果膠和蛋白質飲品等。廣告強力放送，資訊族繁不及備載。這些訊息不僅超載，還經常互相牴觸。

除了這些令人眼花撩亂的食品和補給品之外，最近運動員之間也逐漸風行各種飲食法，包括全素、原始飲食法、無麩質和大量麩質飲食法，每種門派各有不同依據，譬如血型或身材等等，唯二的共通點就是將飲食效果說得天花亂墜，以及各自都有一群死忠粉絲。

其實這背後最大的問題，最複雜的根源，是「身為人類」這件事。影響人類飲食最深的不是各式飲食法，而是個人的喜好和食物便利性。每個人多少都有明知不健康卻仍然愛吃的罪惡食物，但我們必須要給自己機會，對自己的飲食負責。

人體適應力非常強，每個運動員來自不同文化，個性互異，也都有各自的飲食計畫、食物和各種產品，但他們最終都能咬著牙撐完世上最盛大的幾

撇開料理、個人喜好和飲食法不談，普通的飲食和優質飲食差別就在食材。選擇新鮮完好的食材，來自原產地，盡量保持它原有樣貌。 ★

場賽事。不過我們要做得比「撐完」更好，這本書的最終目的就是改善飲食，活得更健康，而食物就是我們的祕密武器。三餐屬於哪一種飲食法並不重要，吃了什麼才是重點。飲食就像賽前訓練，優質與多元食材是改善健康、提升體能的關鍵。

吃得更好

「高品質食材」與「多元食材」這兩個想法，完全改變了我對營養的看法。撇開料理方式、個人喜好和飲食法不談，普通的飲食和優質飲食差別就在食材。在品質上，選擇新鮮完好的食材，來自原產地，盡量保持它原有樣貌、不加工。不要吃基改食物，最好是當地農家栽種，有機食物更理想。

至於食材的多元，我們不假思索就把食物分類成碳水化合物、油脂、蛋白質和熱量，或按照纖維、礦物質、維他命、鈉或抗氧化物質排序。但是這種分類法不能幫助我們全面認識地球上豐富的食物來源，包括蔬菜、水果、穀物和生物。更何況現在流行極簡風，因此大家不太重視完整食物會

產生什麼效用，也不了解食物對人類複雜的身心系統有何影響。舉個例子，之前有人發現蘋果和洋蔥含有槲黃素（QUERCITIN），抗氧化效果非常好，於是蘋果和洋蔥被捧為強效的營養補給品，然而槲黃素只是蔬果裡幾百種黃酮類和多酚的其中一種，它雖然被捧成明星化合物，至今卻還有爭議，因為到底槲黃素提煉出來單獨吃的效果比較好，還是和其他營養一起吸收才有效？自然界有一種現象稱為「湧現」（EMERGENCE），意思是群體可以展現出個體沒有的特性或屬性。為家人朋友煮一桌好菜的快樂就是一種「湧現」，也是全面認識食物之後的好處之一，身為運動員，

你也可以享受這種快樂。

無論你的運動天賦和抱負為何，最能補充體力的餐點，是從頭到尾盡量自己動手、有目標、有關懷的料理。話說回來，從買菜到下廚都要自己來，對行程滿檔的人來說不容易。忙碌的生活型態造成市面上充斥加工食品與包裝食品，我們還把這些食物當成運動食品，甚至視之為當代飲食文化。縱使這些食物非常方便，也是運動員飲食的主力，它卻掩蓋了一條真理：運動員本來就不好當。想將自己的潛能發揮到極限，就不能選輕鬆方便的捷徑。

這也表示，環法賽除參賽選手之外，最辛苦的人應該是車隊廚師。為全車隊準備新鮮健康的飲食，是一項艱鉅、重要、迫切的挑戰，也使廚師成為專業自行車隊的靈魂人物。

過去幾年來，我很榮幸能參與環法賽和其他世界級自行車賽事，並與精英大廚合作，包含芭芭拉・葛里許（Barbara Grealish）與尚恩・福勒（Sean Fowler），他們分別擔任GARMIN車隊的美國和歐洲主廚，給了我許多寶貴的建議，讓我更懂得照顧我的運動員，提供加倍完善營養的飲食。這些大廚完美的廚藝搭起理論與實踐的橋樑。賽事當中，我也耗費許多心力對抗保守的歐洲廚師，這件事更加證實每個人在餐桌上免不了會帶有文化偏見。

畢朱主廚

不過話說回來，不管抱持哪一種觀點，與其有人幫你煮飯，或者在那裡爭論該為你煮什麼飯，還不如培養出最可貴的能力，也就是為自己做飯的能力和決心。就我而言，我是認識畢朱・湯瑪斯大廚之後，才真

正把知識與決心結合起來，學會了做菜，並且願意為自己下廚。我們認識的契機是有一次我的老闆強納森‧瓦爾特（Jonathan Vaughters），也就是GARMIN車隊創辦人，邀請畢朱為某場晚宴掌廚。當晚的菜色太好吃了，不僅美味，而且簡樸又營養。我立刻找畢朱請教他的料理風格，我們聊食物，也聊到我該怎麼為運動員煮出好吃、營養又方便料理的餐點。

透過聊天，我們很快變成朋友，彼此分享對食物和自行車的愛好。我們彼此的成長背景非常相似：身為移民後裔，在美國長大，而且從小就會騎腳踏車，到處騎車參加比賽。我們同樣身處多元的飲食文化，從異國風味的街頭小吃到豐富無比、充滿家鄉風味的家庭聚餐，各種飲食都嘗試過。畢朱來自印度，而我的家庭來自中國和菲律賓。透過兩人的共享經驗，加上畢朱的熱情和天分，我們將過去那些

聊飲食和營養的內容提升到另一個境界。我們不再跟運動員高談飲食理論，反而跟他們一起走進廚房，並肩做菜。

本書內容結合了過去數不清的談話內容、待在旅館廚房的無數歲月、賽季時在擁擠的露營車裡做菜的時光，還有和朋友們一起下廚的歡樂片段（許多朋友現在已經是當今最厲害的專業自行車手）。這本書不是飲食營養的聖經，我們只想給有心、願意下廚的運動員一個參考，書裡沒有天花亂墜的廢話，有的只是實際驗證有效的食譜。

本書的食譜和編排，正好反映出「運動」和「都會生活」面臨到的二種情境。一是在家好好享受一頓飯，二是必須邊忙邊吃（或者該說是邊騎邊吃）。為此我們設計了一些可以拿在手上或是帶著走的料理，讓你在比賽

我們認為，與其用力解釋，不如直接秀出私房菜，這樣更能幫助你達成目標。★

尼采曾説「你有你的做法，我有我的方式。至於唯一正解，並不存在。」

途中或是訓練了一個早上，準備趕去辦公室的時候，可以補充能量。所有食譜都使用新鮮健康的食材，既滿足體能需求，又不會占用到忙碌的日常行程。

我們料理的對象是想要發揮最大潛能的運動員，不是減肥食譜，不是食療法，更沒有要推行任何飲食法。電影「豬頭漢堡包」兩位主角忙著咬漢堡包的同時[1]，我和畢朱參加了一堆自行車賽，因此本書中的餐點含有高碳水化合物，油脂和鹽分含量也比醫生建議的健康飲食來得多。你沒看錯，我們也使用一堆高膽固醇的雞蛋和大量的白飯，而且我們選擇真正的糖和牛油，而非人工代糖和人工奶油，有時候還會加一點巧克力讓車手嘗嘗甜頭。還有一件事，我們發現不管怎麼

努力，這些食譜仍舊帶有文化和生活偏見。我認為這樣也無須道歉，因為這無關對錯，純粹是我們透過與運動員相處的經驗，加上媽媽的好點子所研發出來的料理。

我們認為，與其用力解釋，不如直接秀出私房菜，更能幫助你達成目標。或許有人想吃加工的包裝食品，可是科學家已經發現，這些經過解構的包裝食品會提高人體的最大耗氧量，所以還是親自下廚比較好。最後，衷心希望你會喜歡這本食譜，請盡情嘗試各種料理，享受下廚的樂趣，最好可以多方改良，找出最適合自己的料理。我們也希望你能明白，身體是自己的，只有你才能對自己的健康和體能負責。

***本書內容結合了過去數不清的談話內容、待在旅館廚房的無數歲月、賽季時在擁擠的露營車裡做菜的時光，還有和朋友們一起下廚的歡樂片段（許多朋友現在已經是當今最厲害的專業自行車手）。這本書不是飲食營養的聖經，我們只想給有心、願意下廚的運動員一個參考，書裡沒有天花亂墜的廢話，有的只是實際驗證有效的食譜。

1. 電影「豬頭漢堡包」（HAROLD & KUMAR GO TO WHITE CASTLE），主角哈洛和庫瑪兩人在電視上看到速食店廣告，興起想吃漢堡的念頭，故事由此拉開主線，2004-2011年共上映三集。

補給區實驗室

進食時機

運動員很難像一般人，固定享受早、午、晚三餐。他們的吃飯時間，是依照訓練或比賽來決定的：運動前、運動中以及運動後。不過大部分車手還是在正常時間吃早餐和晚餐，所以食譜也有包含這兩餐。本書的食譜對某些耐力型運動員來說可能會覺得有點不習慣，但我們也加了「口袋點心」和「運動補給」這兩種食譜，因為訓練途中以及訓練剛結束的飲食也很重要。

─────────

運動前

整體而言，絕大多數的運動員認為最佳進食時機是賽前三小時和訓練前兩小時。運動員必須在比賽前吃得心滿意足，並且充分消化。有時候賽前半小時會有小點心（通常是營養米棒）或能量飲品，確保血糖維持在正常數值。

訓練前、後的進食時間比較不固定，視訓練性質而定。訓練第一個小時，大多職業車手只是輕鬆騎車或是暖身，所以訓練前不必吃太多。

有件事你不能不知，若運動前1到1.5小時才進食，會造成接下來的訓練或比賽的第1個小時很難過。因為進食後1至1.5小時內，負責調節血糖的胰島素濃度飆升，造成血糖濃度下降。肌肉在運動時，不需分泌胰島素也會消耗血糖，如此一來，比賽或訓練前半段會造成運動員血糖稍微不足，也就是俗稱的「撞牆」。我看過車手因為遲到來不及吃飯，乾脆等開始訓練之後才吃東西，雖然這樣不好，但總比硬要在訓練前的1到1.5小時進食來得好。長時間運動之前，建議吃低脂肪與低蛋白質的餐點，血糖指數較低的食物可以避免身體血糖飆高。

─────────

運動中

我建議運動員算出每小時消耗的熱量，再將該數值減半，這就是運動期間應攝取的卡路里量，從事高強度運動的人尤其如此。運動中建議吃固體食物和4%運動飲料（每100毫升4公克，或是每500毫升水瓶80大卡）。對於參加比賽的職業車手而言，以上飲食配方大約等於每小時攝取100克碳水化合物或400大卡。

運動後

比賽或訓練時間若超過4小時，結束半小時內一定要攝取碳水化合物，將體重公斤數乘以4，等於應攝取的公克數。若運動不超過2小時，體重乘2即可。以體重75公斤的運動員為例，依運動時數長短，要吃500至1000大卡的碳水化合物。說得籠統一點，一整天從事高強度運動的人，結束之後應該立刻把食物全部吃下去。至於從事低強度運動的人，只要吃到飢餓感消失即可。胰島素負責將碳水化合物送進肌肉，轉換成肝醣儲存，運動後肌肉對胰島素極度敏感，所以必須立刻進食，讓肌肉更快恢復肝醣存量。

有些運動員光是改變進食時間，就算攝取相同的卡路里，肌肉肝醣存量也會因此變成不足。運動後立刻吃肝醣指數極高的食物，可以加快熱量轉換的速率。因此，運動後其實是個可以大吃甜食的好機會。此時吃甜食的不良影響遠比其他時間小。

晚餐

運動員大多在晚間六點至八點吃晚餐，視當日訓練時程而異。若運動員在運動後已經補足熱量和營養，我會叮囑他們晚餐節制一點，此時最好攝取一天所需的蔬食鮮果。當然每一天訓練情況都不同，但通常晚餐不要吃太飽，否則可能會影響訓練狀況。可是在階段賽期間，飲食習慣就要顛倒過來，才能確保比賽途中肚子不會餓著。

計算卡路里和學習飲食知識的好處會跟著你一輩子，這些基本功可以確實幫助你維持或達成理想體重。　★

飢餓程度知多少？

我的職場生涯大部分時間都在思考、量測、研究「能量平衡」這東西。後來市面上出現了像CycleOps PowerTap這種可攜式的功率計，讓你當場計算車手產生多少功率驅動自行車，我就知道訓練技術已進入全新的階段了（參考下方「功率計的計算原理」）。功率計徹底改變了自行車運動，現在車手可以確實掌握自己消耗多少熱量，由此得知該補充多少養分。

新科技雖然可以算出訓練時消耗的熱量，卻沒辦法算出應該吃多少，才能全天維持能量平衡。訓練之外的日常活動也會消耗卡路里，這些零碎的熱量並不容易統計。此外，你還是要仔細閱讀食品的營養標示或參考熱量，並且記錄每天的飲食內容和分量。麻煩歸麻煩，計算卡路里和學習飲食知識的好處會跟著你一輩子，這些基本功可以確實幫助你維持或達成理想體重。這就是為什麼我們每一分食譜都有營養標示，而且是最簡單的標示方法，以免太複雜搞得你霧煞煞。自由搭配佐料的營養標示可以參考書本最後的附錄A。

以上資訊很有幫助，不過還有更簡單的方法可以得知究竟應該吃多少：大家應該都知道吃太撐和餓肚子是什麼

功率計的計算原理

功率計以焦耳為計算單位，一千焦耳（1 kilojoule）一般稱為千焦耳（kjoule）或千焦（kj）。

食物熱量則是以卡路里為單位，計算方式是測量食物燃燒後釋放的熱量，一千卡（1 kilocalorie）又稱為一大卡（kcal），美國營養標示寫成Calorie，C大寫。

一大卡大約等於四千焦（1大卡等於4.126千焦），也就是說，騎腳踏車釋放400千焦，可以消耗100大卡熱量。但是要注

感覺吧。職業自行車賽的車手吃飯時不會沒事拿個天秤來替食物秤重量，我們也不是實驗室怪人，成天戴著面罩把選手抓起來量測數值，更不會叫車手睡在密閉空間，開啟溫度感測器，記錄他們的代謝速率。車手就是普通人，他們也會站在鏡子前扭腰擺臀，甚至上下跳一跳，看看身上哪裡還有抖動的贅肉，接著陷入一陣自我感覺良好或自我厭惡的情緒（其實這些情緒在照鏡子之前就很明顯了）。

說來說去，還是自己的胃最清楚該吃多少。經驗法則告訴我們，暫停訓練或輕量訓練的日子，讓肚子餓一下沒關係。但正處於訓練階段的運動員就盡量不要餓到；越接近大比賽或大活動，或在比賽期間，則千萬不能挨餓。

參加任何耐力運動的競賽，大家最不想遇到的事就是進入撞牆期，所謂撞

牆指的是肌肉肝醣用盡，身體開始分解肌肉或脂肪換取能量，血糖像股市崩盤一般直直跌落谷底，搞得全身整個不聽使喚。

有次我就碰到這種情況，差點嚇死我。那次車手班・金恩（Ben King）參加美國職業單車錦標賽，他一個人加速拉開距離，我開車跟在後面支援。比賽最後一小時，他速度漸漸往

意，人體的運動效率僅20-25%，等於僅四分之一左右的能量會傳到腳踏車踏板，換句話說，功率計顯示的數值是實際耗能的20-25%，其餘則轉化成熱能。如果你騎車釋放400千焦，燃燒100大卡，功率計只會顯示100-120千焦。

再說白一點，如果你騎完一趟，功率計顯示1000千焦，我的乖乖，那就表示你今天總共消耗了1000-1200大卡！

下掉，我開始緊張了，很怕他進入撞牆期，立刻扯開喉嚨狂喊，要他立刻進食補充體力。他問：「吃多少？」我像個瘋子吼道：「吃到吐為止！」他開始猛灌一瓶可樂、喝完一瓶水，狼吞虎嚥吃光口袋裡所有食物。最後他打破紀錄，榮登美國錦標賽史上最年輕的冠軍，還好他沒有真的吐得滿地都是。

有些時候吃越多越好，有時候則要想辦法吃少一點。李維‧萊法莫在環法賽前夕發現西瓜真是人間至寶，每次吃完西瓜都很飽足，應該可以靠著吃西瓜降低體重到參賽的理想值。某天他嗑掉四片西瓜，心滿意足攤在懶骨頭沙發椅上，這時突然開始懷疑西瓜之所以可以餵飽肚子，不是因為水分和果肉，而是西瓜根本是高熱量水果。他立刻從沙發上彈起來大喊：「西瓜熱量多少啊？」我回喊：「哪知啊！」於是他衝到電腦前搜尋，發現

每250克含85大卡，也就是說剛嗑掉的四片西瓜1千克大概只有340大卡。我也不知道這數字到底好不好，就舉了其他食物比較，1千克的義大利麵含4千大卡，牛油則是9千大卡。他聽了頗滿意，又坐回懶骨頭上，幫西瓜肚喬了一個舒適又安穩的位置。不到一小時，他又喊餓了。

飢餓檢查

為確保你體內的飢餓測量計有準確，建議買個體重計，長期記錄體重變化。體重計提供一個持續、客觀的數字，讓我們更了解訓練、休息和飲食如何影響體能與身體。

經常量體重還有一個好處，可以認識一日或一季之間體重自然的升降。身體含水量多寡會影響體重高低，若身體含水量增加，功率提升，功率體重比（POWER-TO-WEIGHT RATIO）

餓著肚子上床

我看過有些運動員以睡眠狀況判斷飢餓程度，效果似乎不錯，至少我帶的車手都知道要吃夠多，訓練才有成效。選手睡前往往會有飢餓感，睡前也需要做卡路里監測，這樣都會直接影響到睡眠之前的感覺。選手吃太少造成肚子過餓，晚上就會睡不著。如果吃得剛剛好，睡前只會稍微有點餓，喝杯杏仁奶或米漿（我認識的車手大部分都不喝牛奶）搭餅乾（倒是很多車手都愛吃餅乾）就能解決。這種飢餓程度雖然到了有感階段，不過還不至於擾亂睡眠。如果吃得太飽，就很容易入睡，三秒鐘內就昏過去了。要是吃到超級飽（例如某次選手們在義大利狂吃生蝦），消

自然就提高；相對來說，脫水導致功率下降，即使體重跟著減少，也無法彌補差異，此時功率體重比就會下降。一旦了解體重變化的規律，你就能掌握比賽期間的體重，不會受到數字高高低低的影響。

飲食主張大混戰

碳水化合物之爭

科學界和現實生活裡都有壓倒性的證據，顯示高碳水化合物飲食是增強運動員耐力的關鍵。碳水化合物平常以肝醣形式儲存在肝臟和肌肉，少了它，運動員的高強度運動能力會大打折扣，肝醣用盡之後，運動員極有可能進入可怕的撞牆期。

耐力型運動員為了避免發生肝醣不足的情況，會大量攝取碳水化合物，大

減重守則

建議各位想**減重**的人，將目標訂為**一周半公斤**。半公斤脂肪等於3500大卡，等於一天減500大卡，也就是說，每天睡前肚子應該會有點餓。

除了消耗熱量以外，介紹幾個幫助控制體重的小撇步：**增加睡眠時間、早餐前運動、控制脂肪攝取量、少量多餐避免挨餓、多吃流質食物或大分量高纖食物**，它們熱量低又能增加飽足感。

化食物產生的食物熱效應會把選手的身體變成大火爐，讓他們整晚輾轉難眠。在此聲明，以上都是聊天得來的資訊，我自己對於日常能量平衡與睡眠之間的關聯也不是很清楚，這些只是我在緊身短褲與壯漢粗腿的世界裡待久了，觀察得到的小小心得。

★★★經驗法則告訴我們，暫停訓練或輕量訓練的日子，讓肚子餓一下沒關係。但正處於訓練階段的運動員就盡量不要餓到；越接近大比賽或大活動，或在比賽期間，則千萬不能挨餓。

科學界和現實生活都有壓倒性的證據，顯示高碳水化合物飲食是增強運動員耐力的關鍵。 ★

賽前幾天尤其如此，許多運動員在大賽前甚至攝取體重公斤數乘以10克的分量，換算成一般體重70公斤的男性車手，一天就要吃進700克的碳水化合物。若1克碳水化合物含熱量4大卡，700克就提供2800大卡，可以說大量攝取碳水化合物是個合理又直接的方法。

當然，也有研究挑戰前述說法。首先，訓練時嚴格控管碳水化合物的攝取量，會造成肌肉肝醣存量不足。有人認為，運動員在缺乏肝醣的情況下運動，身體會採取重大的自我調適，轉向燃燒脂肪產生能量，長期訓練下來，可望預留多一點肝醣給未來某一個時間點使用。可是等到比賽前，運動員進行高碳水化合物飲食，身體就會因為長時間缺乏肝醣而一次儲存更多肝醣。到了賽事當日，運動員就可以一次享盡兩種好處——首先脂肪燃燒力增強，保留更多肝醣；再來肌肉肝醣量增多，面臨勝負關鍵的高強度運動時，能適時提供強大的火力支援。

這種低肝醣訓練、高肝醣競賽的方法十分有趣，但結果可能很危險。2008年我對在布雷克・卡德威爾（Blake Caldwell）身上試驗這種飲食法，害得他只拿下美國職業錦標賽亞軍，而且與冠軍僅毫釐之差。話說那年初夏，布雷克覺得這個新方法聽來不錯，於是參加了一場難度極高的訓練，從西班牙赫羅那出發，一路騎到庇里牛斯山，期間大幅減少碳水化合物的攝取量。不幸的是，壓力大到使他整體表現崩盤，還大病一場，整整一星期沒辦法訓練。布雷克是我認識脾氣最好的朋友，他那次氣我氣到頂點又破表，我從沒見過有人發這麼大的脾氣。他氣的是我建議他採用新方法（他生氣也是理所當然）。

今天，布雷克已經退出職業賽事，我們有時會拿這段往事開玩笑，回想當時我是怎樣要他停止攝取碳水化合物，又把他送去庇里牛斯山狂操。這件事之後，我對運動員的碳水化合物攝取量就格外謹慎。我仍然相信短期肝醣不足有其好處，但是真要做的話，一切計畫必須在極度謹慎小心的情況下進行。

麩質

2008年環法賽，GARMIN車隊進行一項創舉，他們將飲食調整為將近零麩

質,也就是幾乎不含小麥。背後原因是車隊幾位醫師假設零小麥飲食可以幫助車手在比賽期間降低發炎負荷。車隊裡本來就有幾位車手對小麥過敏,早就不吃小麥製品,這麼一來,準備全車隊食物就更加統一方便了。

本書食譜有許多料理不含麩質。

只不過,在環法賽能不吃義大利麵嗎?這就跟在中國不吃米飯、在法國不吃麵包一樣,別人覺得你秀逗,況且實際上也做不到。儘管目前沒什麼證據可以證明「非過敏體質的運動員改吃無麩質飲食會提升表現」,我還是頗好奇未來的科學研究會有什麼進展。再說,我自己出身米飯文化,平時很少碰小麥製品,這個零麩質想法實在很值得深究。

所以我們真的進行一場研究,有次環法賽事,我們車隊絕大部分車手都覺得無麩質飲食太棒了,能提升表現,但也有大衛・米勒(David Millar)和丹尼・培特(Denny Pate)這兩位選手到了環法賽尾聲崩潰。大部分車手都反應:身體不會感覺浮腫或笨重,他們的思緒更敏銳,腸胃問題也有改善。到底是無麩質飲食太神奇,或是我們大廚的手藝太高明,我們永遠都不會知道了,因為現場並沒有安排車手抽血檢查發炎標記,我們只是讓經驗帶著我們繼續往前。

那次之後,我讓其他運動員嘗試零小麥飲食,反應兩極,每個人都不同。畢朱煮了一個星期的無麩質料理,蘭斯・阿姆斯壯給出極惡評,反倒是他的死黨約翰・柯里歐斯(John Korioth)(他們倆的飲食和訓練內容完全一樣)豎起大拇指,盛讚那是他騎車表現最好的一周。

有些車手會順從身體感覺,自己擬定

到今天,我並不特別提倡零麩質,也不鼓吹大量麩質飲食。但是如果有運動員告訴我,不吃小麥讓他們過得更好,無論他們的體質有沒有對麩質過敏,我都願意相信。★

策略。李維・萊法莫與克里斯汀・凡德維德（Christian Vandevelde）在減重或比賽期間，偶爾會採行無麩質飲食，季後或需要熱量與肝醣的時期則採行一般飲食，這種輪替法對他們的成效似乎不錯。你自己要大膽假設，小心嘗試，找出最適合自己的配方。

到今天，我並不特別提倡零麩質，也不鼓吹大量麩質飲食。但是如果有運動員告訴我，不吃小麥讓他們過得更好，無論他們的體質有沒有對麩質過敏，我都願意相信。因此，本書的食譜有許多料理也是無麩質。

不管有沒有麩質，每一道料理都是我們用心設計，保證營養又美味。其實我和畢朱曾利用2011年環加州賽把不知情的RadioShack職業車隊當成實驗對象，為車隊準備本書中的零小麥料理。某天晚餐我們端上無麩質的藜麥義大利麵，有幾位不吃義大利麵就不知道怎麼騎車的歐洲車手，如伊瑞薩（Markel Irizar）、莫拉耶夫（Dmitriy Muravyev）和祖貝迪亞（Haimar Zubeldia）等人，吃了一口大叫怎麼這麼好吃，我才請李維・萊法莫出面說明：這不是你們在歐洲吃的媽媽義大利麵料理。那屆環加州賽由克里斯・霍納（Chris Horner）和李維・萊法莫分別奪下冠亞軍，是RadioShack車隊至今表現最搶眼的一次賽事。

為何不吃肉？

2011年環法賽，大衛・扎布里斯基（David Zabriskie）走上一條人很少的路：他決定在環法期間吃素，偶爾吃魚。車手能不能仰賴素食撐完世界級高難度的運動，目前仍無定論。如果你和當年其他197位葷食參賽選手的想法一樣，答案是不能。

運動飲料DIY

我和GARMIN車隊合作期間，車手經常抱怨運動飲料喝多了腸胃不舒服，而且嘴巴有噁心的餘味。運動飲料的兩大惡名，「腸胃不適」和「味覺疲乏」來自過多的糖和化學物質。大部分的運動員都靠稀釋解決，但是同時也犧牲了鈉的攝取量。

苦思不得其解之下，我開始在廚房和歐洲各飯店房間調配運動飲料，終於發現最好的調法就是減少糖、增加電解質，只用水果乾磨成的粉調味。車手補充水分之餘，再也不必忍受腸胃毛病和噁心餘味。想知道健康天然的運動飲料配方，請至www.skratchlabs.com網站。

環法賽運動時間長、強度高，選手很難補足碳水化合物。一旦體內缺乏碳水化合物，身體會轉向蛋白質尋求能量，因此環法賽選手每日蛋白質需要吃到體重公斤數乘以1.5至2公克，例如體重70公斤的車手每天必須吃115-140克的蛋白質，等於19至23顆雞蛋，簡直是不可能的任務。不過，只要選手在賽事期間攝取夠多的碳水化合物，蛋白質就不必上場支援。

決定吃素的大衛·扎布里斯基擁有12年職業車手經驗，我認為他是最了解自己身體的人。再說，吃素之後，他創下職業生涯最亮眼的賽季表現。如果有人可以靠著吃素騎完環法賽，那準是大衛沒錯，而我百分百支持他的決定。可惜到了賽程第九站他發生意外，高速撞擊造成手腕骨折，被迫棄賽，這是任何飲食法都無法預防的遺憾。

本書有許多素食料理。以蛋白質來說，一般人每日只需攝取體重公斤數乘以0.5-1公克就夠，如果目前沒有參加任何職業賽事，素食其實是比較合宜的飲食。本書的早餐、口袋點心和運動補給料理當中，你都能決定要不要放肉類。

水分補給

聊了這麼多食物的話題，一定不能忽略我個人很在意的一點：適當的水分補給。人可以好幾個星期不吃東西，但幾天沒喝水就會活不下去，運動也是同樣道理。人體有充分的肝醣和脂肪存量，就算不吃東西也可以長時間從事高強度運動，水則不是這麼回事。

我們對食物的觀念，和對於水分的觀念相同：首先著重成分，品質務必要最好，盡量不用人工料或添加物。但是要注意，我們並不是建議喝純水，運動時運動飲料反而比純水好，尤其大熱天運動或流汗程度較高的運動。最理想的運動飲料含有4%碳水化合物溶液（每100毫升含4克碳水化合物，或是標準500毫升單車水瓶含80卡），再加上些許鈉（每500毫升水瓶含300-400毫克）。

訓練或比賽期間，車手必須補充水分，將流失的水分控制在體重3%以內。要測出流失的水分多少，最簡單理想的方法就是運動前後量體重。

補給區廚房重地

巨量營養素的運用之道

碳水化合物

本書主要針對耐久型運動員設計食譜，他們訓練中會消耗大量卡路里，因此我們的料理中含有大量碳水化合物。耐久型運動員需要能量，形式最好是肌肉和肝臟的肝醣。就許多方面來說，肝醣是最能加強體能的基質。很多人在討論運動禁藥的問題，還有人盲目相信有吃藥才能拿冠軍，可是我最氣的是那些不好好吃東西，結果害自己撞牆的運動員。許多時候運動員抱怨身體虛弱，騎車提不起勁，其實都是缺乏肌肉肝醣造成的，此時只要增加碳水化合物攝取量，吃點義大利麵、米飯、馬鈴薯、麵包、北非小米和其他完整穀物，問題就能迎刃而解。

蛋白質

本書大部分肉類料理使用雞肉和牛肉，特定料理才用魚和豬肉。雞蛋用很多，並且加入少量培根以增加風味。我們的車手幾乎都能吃雞肉、牛肉和蛋，要他們下廚烹調雞肉、牛肉和蛋類也沒問題，這些食材即使出門在外也容易取得，所以我們的食譜的蛋白質來源主要是這三樣。牛肉等暗色肉類除了蛋白質以外，也富含鐵質，能幫助預防貧血。蝦貝類食物因安全考量被排除，尤其比賽期間空間不足，我們都把食物放保冷箱，蝦貝類是容易壞掉的食材。

脂肪

橄欖油和牛油勝過人造奶油。如果腸胃狀況許可，選擇全脂而非低脂。脂肪其實並不可怕，理由如下：

○ 脂肪是重要的營養素，許多身體功能都仰賴油脂運作。

○ 脂肪可幫助身體吸收維他命。

○ 脂肪可保護重要器官，減緩撞擊力道。

○ 脂肪可增加飽足感，幫助控制食量。

○ 全脂食品的熱量有時比零脂肪或低脂食品還低。

老實說，有脂肪的食物就是比較好吃，而且均衡生活的秘訣之一就是：

懂得享受人生。

裝盤哲學

市面上有太多飲食書籍教人要吃哪種食物、該吃多少，每一種數字寫得清清楚楚，一餐要吃60％碳水化合物、25％脂肪和15％蛋白質。這種方法很好，而且有其必要性，但實際上做起來卻不太容易。記錄飲食能幫助你靠直覺評估如何達到飲食目標，但是我帶的運動員都不寫飲食日誌，人家準備什麼他們就吃什麼。其實我們可以用兩種情況來比喻：一種是運動前先規定好時間、強度和功率；另一種是看地圖研究哪一段路該怎麼分配體力。記住剛剛的比喻，我們接下來要試試地圖法，給你一些裝盤的小建議。

本書的菜色照片都已經擺盤妥當，分量固定，不過還是建議在盛盤時像在家裡一樣，各種食物配料單獨放一盤，這樣每個人可以依照自己的需求，把想吃的分量裝到自己的盤子裡。第一步永遠先從豐富的碳水化合物開始打底 —— 米飯、燕麥、馬鈴薯、穀片、義大利麵或其他穀物。飲食中多數熱量來自碳水化合物，分量視飢餓程度而定。

把米飯或馬鈴薯當成主角，肉類和其他蛋白質食物是陪襯，是增添風味的配菜。許多印度人和中國人缺乏蛋白質來源，他們採取這種吃法，只靠著少量蛋白質長期度日。耐久型運動員也適合這種做法。本書中，許多蛋白質料理設計成肉醬或燉肉，可以淋在碳水化合物上加點味道。

味道夠了之後，接下來準備大盤沙拉和蔬菜。碳水化合物能提供能量，蔬食則提供豐富營養，維持高營養密度。我們大多靠煎、炒、烤讓蔬菜縮水，以便攝取更多分量。比賽期間，我通常會叮嚀選手先吃主食，補足隔天需要的碳水化合物，之後再吃蔬菜水果。訓練期間則相反，選手可以藉此控制卡路里攝取量，保持理想體重。

最後是點心時間。考慮周全的食譜一定要有甜點，有計畫的吃絕對好過長

期壓抑之後暴飲暴食。介紹一道比賽常吃的簡單點心：原味或調味優格，加一碗淋上蜂蜜的水果和綜合烘焙堅果，見第273頁。 ★

補給區烹飪準則

大展廚藝之前，先學幾招有效運用本書的密技。

隨時變換食材。以下是幾個更換食材的好理由：想節省時間、手邊只有某些食物、我就是比較喜歡吃這個。我們只有一個要求，不要用過度加工又沒營養的食品取代優質食材。

大廚認可的替換食材>
○ 肉類換成豆腐或大豆蛋白
○ 白飯換成糙米
○ 麩質食品換成無麩質食品
○ 某種蔬菜換成其他蔬菜
○ 羅勒換成荷蘭芹等

大廚搖頭的替換食材>
○ 人工甜味
○ 速成食品（尤其是速食米飯和燕麥）
○ 人工油脂（人工奶油）

還有，如果你換掉食材，發現做出來的菜色不好吃，請換回原本的食材再試一次。本書很多食譜都很有彈性，但是有些料理，特別是口袋點心的食譜則不然。

做菜歡迎走捷徑，能順便讓你戒除外食習慣最好。我們發現對某些運動員來說，下廚真是一種學習，做得越多就能做得越好。有機會就買真正的食物，拒絕調理或預煮食品，盡量選擇原產地包裝的食物。當然有的時候沒辦法，只得買現成烤雞肉快速解決晚餐。我們也知道運動員大多都吃現成莎莎醬和豆子罐頭（儘管自己做的營養價值更高）。

大廚認可的懶人食品>
○ 罐頭豆子（代替乾豆）
○ 現成莎莎醬
○ 市售披薩麵團
○ 冷凍蔬菜（代替新鮮蔬菜）

可以偶爾放縱一下，適度即可。你可能已經發現，我們的食譜使用了幾種「黑名單」食材。有時候我們會選擇一般人認為不健康的食物，因為這些黑名單食材既美味又天然，還可以避開某些成分，何樂不為？任何食物攝取過量都不好，適度的分量不僅有益處又有營養價值。

大廚認可的黑名單（適度）>
○ 豬肉、培根、紅肉、雞腿肉
○ 起司
○ 甜點

主食可以先烹調好。我們的食譜有個省時妙招，那就是把常用的食材先煮好或準備好，如義大利麵、米飯、馬

鈴薯、穀物、蔬菜和幾種肉類。跟隨車隊外出的時候，我們會先把義大利麵和飯煮熟，把燉肉和捲餅的肉類切塊煮熟，料理或果汁的蔬菜也都先切一切。肚子一餓，立刻燒水熱鍋，這些備料就會活了過來。

翻一翻本書的「早餐」和「運動補給食譜」，裡面很多食材前面都標示「預煮」。不管你是激烈運動前先做一頓白飯加蛋，還是餓著肚子到家，急著想吃蜂蜜雞肉捲餅，此時冰箱如果有一盒煮好的飯或義大利麵，就可以立刻省下10-15分鐘，提早開飯。「基本配料」的章節會教你怎麼烹調你愛吃的碳水化合物和蛋白質，篇名恰如其分，就叫「事前備料」。

⚠ 警告	
⚠	本食譜含有已知過敏原，如培根、乳製品、大豆、蛋黃、堅果、麵粉和糖。

記住，很多食材都可以冰在冰箱。如果知道最近會比較忙，可以提前煮好冰起來備用。

食物回收再利用，是我從畢朱身上學到厲害的一招，把吃剩的飯菜妙手回春。這招不僅降低食物開銷、減少浪費，還能節省烹調的準備時間。舉例來說，許多晚餐料理都能變身為口袋點心或運動前小快餐的基底，我們常把吃剩的肉、飯和馬鈴薯做成墨西哥捲餅。只要再加一點莎莎醬和起司就能當作小點心或運動後的補給品，堪稱是我們車隊的人氣料理。

肉丸歷險記

我住在科羅拉多州的巨石市。有一次克里斯汀・凡德維德（Christian Vande Velde）來借住我家，參加兩個星期的訓練營，不巧我家冰箱的壓縮機壞掉，偏偏裡面塞滿了自由放牧的草飼牛肉，必須盡快處理。當天傍晚我和克里斯汀、畢朱和麥可・弗來德曼（Mike Friedman，他的綽號就叫肉丸）做了一大鍋肉丸，分量約莫可以餵飽一支小軍隊。為慶祝搶救牛肉成功，我們晚餐煮了經典肉丸義大利麵犒賞自己。不過由於肉丸數量實在太多，加上味道也還不錯，隔天克里斯汀又吃了肉丸配飯，我稍晚也做了肉球迷你堡，之後還煮了義大利麵……你懂的。這起肉丸事件結束之後，我和克里斯汀有好一陣子連想都不敢再想肉丸。★歡迎試試畢朱的肉丸料理，見第234頁。

常用食材

記住上述原則，接著介紹本食譜常用的食材，有些你可能不熟，有些可能有先入為主的觀念，且聽我們娓娓道來。

米飯

我們通常為車手準備白米飯，因為烹調時間短，肝醣指數高（訓練後立刻吃，效果佳），也是我比較熟悉的食材。絕大多數的白飯食譜都可換成糙米飯，只有營養米棒除外。

若想更換食材，以下幾點必須注意。許多白飯食譜可以改用蓬萊米和泰國香米，米棒也可以。有幾道料理甚至可以改用印度香米，可是米棒不能用印度香米，因為黏性不足。另外，絕對不要使用微波米或速食米。為什麼？第一味道不好，第二，我和畢朱對於微波米和速食米非常不爽。

蛋

我們使用全蛋，而且用量很大。蛋的膽固醇的確有點高，根據美國人的傳統觀念，蛋吃太多會讓血液的膽固醇含量提升，增加心血管疾病的機率。飲食與血膽固醇的關聯會受到兩種因素影響，一是運動，二是基因。平常沒有運動習慣的人，建議一周內平均一天1-2顆蛋。如果家族病史有高膽固醇，或者你已經有膽固醇問題，就要限制蛋的攝取量。

事實上，蛋含有高品質的蛋白質，是非常便利的攝取來源。蛋白質有一個品質量表，1.0代表最高品質。蛋白是唯一達到1.0的蛋白質，其他蛋白質以蛋白為基準評分。除此之外，膽固醇是合成性荷爾蒙的主要成分，也是重

電鍋人生

有次在某個賽季裡，我跑遍歐洲大街小巷狂找亞洲市集，盡可能買到最好的電鍋，然後帶回我當時服務的車隊，想說讓車手試試以米飯為主食的料理。可惜，等到賽季開始第一場賽事結束，車手返回巴士才發現寶貝電鍋被刻意留在零件區。車隊工作人員為了安撫人心，改提供塑膠袋裝的

要的營養素。最後，就跟光吃糖不會
得糖尿病同樣道理，光吃膽固醇並不
會引發心臟病。如果對吃蛋有疑慮，
向醫生請教一下，另外也要定期做健
康檢查，掌握自己的身體狀況。我們
在食譜裡使用蛋，不代表我們就要為
你的健康負責，也不表示世界末日就
要來了。

———————

糖

糖是人體主要的能量來源，參賽車手
尤其需要糖分。參加環法賽的人，只
消攝取簡單的糖分，特別是含糖運動
飲料，即可迅速補回大量的卡路里。
試想，要是同樣熱量換成固體食物，
恐怕隔天會在廁所裡拉個五小時，才
能把腸胃清乾淨，更別說騎車上路
了。當然，大部分的讀者都不是職業
環賽車手。雖然一般人相信糖類是沒

營養的加工食品，不過自己做的健康
料理還是可以加糖。運動飲料也是缺
糖不可。

我們大部分的食譜都可以輪替使用以
下糖類：紅糖、蜂蜜、楓糖漿和龍舌
蘭花蜜。紅糖價格最親民，也最容易
買到。以上都是天然糖類。

———————

鹽

鈉是人體重要的電解質，控制每個

微波米飯。那些餓到發慌的車手跟車隊工
作人員之間發生了非常可怕的衝突，在此
就不贅述了。第二場比賽的時候，有個車
手（某位職業老鳥，三大賽的前三名）決
定站出來，把自己家的電鍋帶到巴士上，
可惜還是被當成違禁品沒收，理由是非贊
助廠商提供的物品禁止上車。大夥只好又

回去吃法國麵包。

這個故事告訴我們，有時候再怎麼努力，
也無法撼動愚蠢的舊習慣。趁你心動之
際，快去買一台電鍋，等到你發現沒有電
鍋活不下去的時候，你就會懂我的心情
了，就像車手的自行車被偷一樣難受。

蔬果汁

蔬果汁能有效提高飲食的營養密度，是優質蔬果食材，喝蔬果汁又不必擔心纖維太多造成腸胃負擔過大。訓練前後喝果汁效果尤佳。

甜菜根汁特別棒，富含膳食硝酸鹽。近來有研究指出硝酸鹽能確實改善運動效率，或者說提升整體機械功率，在特定氧氣或能量供給之下，可以產出更多功率。這種能力對運動表現可以帶來極大的差異，從比賽一整天到連續多天皆有影響。一天一杯甜菜根果汁，你會體驗到驚人的效果。

人工甜味劑

食品的人工甜味劑議題牽扯到政治力量，處理過程十分難堪。1958美國國會通過「狄蘭尼條款」（Delaney Clause），禁止美國食品使用所有已知致癌物質，無論是人類已知病歷或動物實驗證實皆然。1977年加拿大研究發現，老鼠食用高劑量糖精後罹患癌症，美國食品藥物管理局（FDA）隨後提案禁止食品使用糖精。然而民眾不願健怡汽水停售，國會就順應民意暫停禁令，將時限延後兩年，等待更多研究結果出爐再定案。該禁令至今仍未執行，市面上人工甜味劑越來越多，儘管動物實

細胞的運作，負責傳導神經系統的電子訊號，同時維持液體平衡。運動會流失大量鹽分和電解質，一公升汗水就含有700-1000毫克的鈉，而每500毫升運動飲料可補充350-500毫克的鈉。大多運動飲料的鈉含量都不足，如果無法從飲食獲取充足的鈉，身體的運動機能便會下降。事實上，光喝水反而會造成脫水現象，因為身體會為了維持鈉濃度增加排尿量。我知道有些人患有鹽敏感性高血壓，鹽吃太多會引發高血壓。如果你知道自己的狀況，吃太多鹽會感覺浮腫，血壓飆升，那就聽常識的話，少吃鹽吧。

我們每天都有很多機會吃到鈉，本書食譜大多使用海鹽、液態胺基酸或低鹽醬油，後兩者可以互相替代。如果你正在控制鈉的攝取量，可以改用液態胺基酸噴霧或鹽水噴霧烹調食材，料理完畢再加鹽巴粒，這樣可以用較少的鹽帶出鹹味。

驗研究指出某些甜味劑含致癌物質，人工甜味劑仍消遙於狄蘭尼條款外，甚至通過美國當局GRAS食品安全認證，而通過GRAS只能證明該食品「算是」安全。

廚具傢伙

我們盡了最大努力，設計出可用普通廚具做出來的料理。然而還是有些我們認為非常實用的廚具，可能不是那麼常見。

電鍋（對歐美國家而言）。百貨公司都有販售一般電鍋，不過同樣價格（美國售價約台幣1000-2400元）你可以在亞洲市集買到更高檔的電子鍋。五杯米容量的電鍋適合一至二人使用，車隊或大家庭則建議選購十杯米容量。

慢燉鍋。本書的「運動補給」單元有許多需要使用慢燉鍋（又稱慢鍋）的鍋類料理，作為米飯或義大利麵的配菜，晚餐也有幾道碗裝料理可以用慢燉鍋解決。慢燉鍋的好處就是你只要把食材全部丟進去，出門運動一整天，回家就能立刻開動。沒有慢燉鍋可以改用厚重的生鐵鍋，只不過前一天晚上就要煮好，而且要經常查看。（使用生鐵鍋不要煮超過兩小時。）

小型食物調理機。一台食物調理機可以省下切菜的半小時，空出更多時間享用美食，放鬆身心。

果汁機。慢磨果汁機雖然價格較高，但是安裝和清洗都比一般果汁機更容易，而且磨的果汁量更多，味道也比較好。用過多家果汁機，我們認為最值得買的就是慢磨果汁機。

運動員的廚房

運動員有許多必備食物。

下廚自然需要幾項家電廚具。

冰箱
○ 當季蔬菜水果
○ 蛋
○ 蛋白質（雞、牛或植物蛋白質）
○ 墨西哥玉米餅（全麥、玉米）
○ 優格
○ 奶類（杏仁奶、米漿、牛奶）
○ 帕瑪森起司
○ 果汁與蔬菜汁
○ 堅果油脂（花生醬、杏仁醬、Nutella 巧克力醬）
○ 新鮮柑橘類（檸檬、萊姆）
○ 新鮮香草料（荷蘭芹、羅勒）

櫥櫃
○ 米飯（蓬萊米、泰國香米）
○ 義大利麵（北非小米、米粒麵、天使麵）
○ 穀物（藜麥）
○ 馬鈴薯、地瓜
○ 麵粉（中筋、無麩質）
○ 豆子罐頭或乾豆
○ 魚類、鮪魚罐頭
○ 高湯（雞或蔬菜）
○ 油（橄欖油、葡萄籽、芥花籽）
○ 醋（巴薩米克、紅酒醋、蘋果醋）
○ 海鹽與胡椒研磨罐
○ 香料（肉桂、辣椒粉、小茴香、咖哩粉、肉豆蔻）
○ 低鹽醬油
○ 辛香料（Sriracha辣椒醬、三岜 sambal辣椒醬、Tobasco辣醬）
○ 糖蜜類（紅糖、生糖、蜂蜜、楓糖漿、龍舌蘭花蜜、果醬、黑糖蜜）

家電
○ 電鍋
○ 小型食物調理機（價格不貴）
○ 攪拌器
○ 慢燉鍋

其他選擇
○ 荷蘭鐵鑄鍋
○ 果汁機
○ 厚重湯鍋

不必非要全套豪華廚具才能煮出好料理。你看，我們在露營車上也能搞定。

其他廚具－烹調用
○ 10吋烤盤
○ 5-5.5公升大鍋
○ 烘焙紙（蠟紙）
○ 8-9吋方型烤盤
○ 馬芬烤模

備料用
○ 砧板，合成橡膠材質
○ 各式菜刀
○ 量杯
○ 20-25公分沙拉鋼碗
○ 刮鏟及湯匙組
○ 過濾器

以下這個故事，可以說明廚具的重要。2011年環加州賽，我們把一輛租來的露營車變成臨時廚房，車上有兩個卡式瓦斯爐，一個登山瓦斯爐，還有兩個湯鍋、平底鍋、電鍋、和沙拉碗，一台食物調理機，一個布朗尼烤模，從家裡帶來的幾把菜刀，其他小廚具，最後加上一台李維·萊法莫家拿來的慢磨機。整個賽季就靠這些工具煮出全車隊的每一餐。實際，這些東西大部分是跟加州特拉基的醉猴壽司餐廳和特拉基警察局借來的。（在此特別感謝薩斯禮局長和巴爾老闆，幫我們撐過如此艱難的一個星期）。

＊＊＊

最後說明一點，書中的食譜料理可以組成非常優質的飲食內容，但我們的車手不光吃這些，我們也為他們準備了其他食物。例如，我們準備大量的穀片當早餐（順便說，我不贊成晚餐只吃穀片）。有時候看比賽狀況或是廚師人手，比賽後我們也是直接讓車手喝蛋白質飲品或高熱量的能量飲料，好讓他們立刻補充肌肉肝醣和液體。另外，雖然我們盡量讓車手從飲食攝取營養，不過有時候還是需要綜合維他命、鐵錠、魚肝油錠、維他命C和鈣片等。最後的最後，本書並非飲食營養專書，接下來的內容只是一些車手和我們平常吃的料理。希望這些食譜可以提供一點概念，將我們每日飲食的基本原則傳授給你，讓你願意捲起袖子走進廚房，為自己做菜。最重要的是，我們想讓大家知道，健康的每一餐是運動與生活的關鍵優勢。

★★★

先人的智慧告訴我們，三餐之中最重要的就是早餐，因為它是開啟一天
的第一餐。對運動員而言，早餐是最重要的一餐，因為它通常是訓練或
比賽前的第一餐。

因此，我們的早餐食譜介紹許多製作快速又容易消化的餐點。這些餐點
不只可以當早餐，其他時間想吃就做來吃。你也可以事先做好，當成肚
子餓的小點心，好讓血糖在比賽前維持一定水平。

「完美早餐」單元介紹步驟簡易料理，譬如燕麥和香甜米粥。趕時間的
話打包「早餐帶著走」單元裡的食物，帶在路上邊走邊吃，馬鈴薯餅和
墨西哥捲餅都很適合在騎車途中享用。需要大量卡路里，而且有餘裕慢
慢消化的早晨，來點「豐盛早餐」單元的菜色準沒錯。比賽期間每個早
晨，車手的桌面總是擺滿這三種早餐，給他們帶來滿滿的能量。

早餐BREAKFAST

Ⅴ **素食**

Ｇ **無麩質**

分量

注意，本書的分量比一般食譜多，沒有訓練或大量運動習慣的人，請減少食材或糖的用量，以降低攝取的卡路里。至於正在訓練的人，這些額外的卡路里會為你注入更多力氣，運動完體力恢復更快。

MENU

把這道食譜當成基底，
手邊的任何堅果和水果
乾都可以加進去。 ★

什錦果仁燕麥

大部分什錦果仁燕麥棒會摻食用油，我們的作法使用果汁加糖漿或龍舌蘭花蜜增加濕潤度。燕麥棒吃法千變萬化，一周七天都不膩。早餐直接乾吃，或者倒熱牛奶變成方便又健康的燕麥粥，下午加優格拌勻，一道點心就能上桌了。

燕麥片4杯
紅糖½杯
原味椰子絲1杯
楓糖漿或龍舌蘭花蜜½杯
蘋果汁¼杯，不必過篩
香蕉1根

自由搭配佐料
（每種最多½杯）
杏仁片
切碎的腰果
松子
黃金葡萄乾
枸杞乾
黑醋栗

❶ 烤箱預熱至300度。

❷ 取大碗裝燕麥片、紅糖和椰子絲混勻。

❸ 將楓糖漿、蘋果汁和香蕉放進攪拌器攪至泥狀。

❹ 攪拌完畢倒入大碗，如果不夠濕潤可以再倒一些蘋果汁。

❺ 取烤盤鋪上烘焙紙或蠟紙，將食材平鋪在紙上，烘烤45分鐘。

❻ 加入想吃的佐料，攪拌均勻後繼續烤10-15分鐘，或烤至燕麥呈金黃色為止。取出放涼。

可用6杯燕麥片來做，放進密封容器，最多可冷藏一星期。

每份（¾杯）含**熱量**453卡 · **脂肪**12克 · **鈉**6毫克 · **碳水化合物**83克 · **纖維**10克 · **蛋白質**13克
搭配佐料的營養標示請參考附錄A。

鮮果燕麥粥

曾經遊歷歐洲或參加歐洲自行車賽事的人都知道，鮮果燕麥粥是青年旅館和平價旅館常見的料理。不想多花心思準備早餐的運動員，鮮果燕麥粥無疑是不二選擇。睡前做好冰進冰箱，隔天早餐用剩還可以當運動後的小點心。

燕麥片1杯
鮮奶1杯
優格¼杯
小顆蘋果1顆，切丁
胡桃或核桃¼杯，切碎
肉桂粉少許

自由搭配佐料
蜂蜜或楓糖漿2湯匙
香蕉1根，搗成泥
蘋果醬¼杯
新鮮水果

❶ 將所有材料（包括搭配佐料）放入大小適中的碗，攪拌均勻。

闔上蓋子，放進冰箱冷藏一晚。

每份含**熱量**479卡‧**脂肪**15克‧**鈉**79毫克‧**碳水化合物**76克‧**纖維**10克‧**蛋白質**19克
搭配佐料的營養標示請參考附錄A。

畢朱特製燕麥粥

職業自行車手的賽前早餐通常以米飯或義大利麵為主食，不過2011年環加州賽，克里斯・霍納（Chris Horner）和RadioShack車隊證明燕麥粥才是早餐的王道。李維・萊法莫閉著眼睛都可以做出這道料理。希望燕麥粥也會常常出現在你的餐桌。

水1杯
鹽少許
燕麥片1杯
鮮奶1-2杯，依照喜歡的濃度而定
紅糖1湯匙
黑糖蜜1湯匙
香蕉1根，切塊
葡萄乾¼杯

自由搭配佐料
綜合烘焙堅果（273頁）

❶ 將水和鹽放入中型平底鍋，開小火煮至沸騰，加燕麥片煮5分鐘，不時攪拌。
❷ 倒入牛奶和紅糖，同樣以小火煮沸。加黑糖蜜、香蕉和葡萄乾攪拌，煮到想要的濃稠度即可從爐上移開。如果不趕時間，靜置10-15分鐘再吃。

完成後倒點牛奶、撒上肉桂粉即可享用。

大廚秘訣 鮮奶也可換成豆奶或杏仁奶，先倒1杯，再慢慢加，調整至想要的濃度。

每份含**熱量**490卡 · **脂肪**6克 · **鈉**181毫克 · **碳水化合物**102克 · **纖維**10克 · **蛋白質**19克

★ 綜合烘焙堅果的作法十分簡單，請見273頁。

莓果藜麥

早餐吃膩穀片了嗎？試試零麩質的藜麥，配上我們最愛的莓類和堅果，趁熱上桌。放上一顆水波蛋或一杯優格也很美味。

藜麥1杯，洗淨瀝乾
水1杯
鮮奶1杯
鹽少許
蜂蜜1-2湯匙
新鮮藍莓½杯
核桃或胡桃，切碎
（可加可不加）

❶ 將藜麥、水、鮮奶和鹽放入中型平底鍋，中火煮至沸騰，小心牛奶別煮焦。接著關小火，燜煮至水分收乾。

❷ 加蜂蜜拌勻後闔上蓋子，靜置幾分鐘。

擺上新鮮莓果，加點碎胡桃、優格，或者撒一小撮紅糖。

每份含**熱量**426卡 · **脂肪**6克 · **鈉**356毫克 · **碳水化合物**78克 · **纖維**7克 · **蛋白質**18克
搭配佐料的營養標示請參考附錄A。

乾果佐義大利米粒麵

早餐趕時間的時候，如果手邊正好有煮熟的米粒麵，可以選擇做這道料理。米粒麵的口感和杏仁奶最搭，不過其他奶類也可以。如果剛訓練回來，建議將乾果的量增加一倍，攝取更多纖維。

杏仁奶2杯

預煮 煮熟米粒麵1杯，

葡萄乾、黑醋栗或切碎椰棗¼杯

紅糖2湯匙

❶ 將杏仁奶倒入平底鍋，中火慢煨。

❷ 下義大利麵、水果乾和紅糖，約加熱3-5分鐘。

煮熟後分裝兩碗，放上杏仁片、肉桂粉或肉豆蔻粉，再加點紅糖也無妨。

大廚秘訣 若想要降低每碗的熱量，紅糖少放一半，可減掉40卡的熱量。

每份含**熱量**242卡・**脂肪**5克・**鈉**182毫克・**碳水化合物**88克・**纖維**3克・**蛋白質**12克
搭配佐料的營養標示請參考附錄A。

香甜米粥

前一餐用剩的飯,配上蛋黃和香蕉,正好可以做一頓豐盛又方便的早餐,補充蛋白質和糖分。這分食譜和甜點「剩飯米粒布丁」(259頁)大同小異,只是稍微減量,讓一天有個香甜的開始。

鮮奶1又½杯

蛋黃1顆

預煮 煮熟米飯1杯

香蕉1根,切片

香草精1茶匙

紅糖2湯匙

鹽和肉桂粉少許

新鮮莓果(可加可不加)

❶ 中型鍋開小火,放入牛奶和蛋黃攪勻。

❷ 加入白飯、香蕉、香草精、紅糖、鹽和肉桂粉。開小火拌煮5-10分鐘直到煮沸。

裝盤或盛入碗裡,放上新鮮莓果。

每份含**熱量**405卡・**脂肪**7克・**鈉**173毫克・**碳水化合物**71克・**纖維**3克・**蛋白質**16克
搭配佐料的營養標示請參考附錄A。

瑞士起司火腿三明治

碰上這道豐盛誘人的三明治，附近的外帶三明治也只能俯首稱臣。我們的食譜採用自製美乃滋，你也可以直接買外面的美乃滋代替。

鄉村麵包2片
橄欖油
沙拉生菜1把
鮮榨檸檬汁和鹽
蛋1顆
厚切瑞士起司1片
火腿薄片60克
紅辣椒美乃滋（287頁）

❶ 麵包一面刷橄欖油，刷油面放到深煎鍋煎酥。
❷ 煎的同時，生菜淋一點橄欖油和檸檬汁，撒少許鹽。
❸ 在另一個小煎鍋煎一顆半熟荷包蛋，完成後關火。

麵包裝盤，煎過的那一面朝下。其中一片擺起司、火腿和荷包蛋，放上生菜，淋一點美乃滋，最後蓋上另一片麵包。

每份含**熱量**525卡 · **脂肪**19克 · **鈉**915毫克 · **碳水化合物**63克 · **纖維**5克 · **蛋白質**24克

★ 紅辣椒美乃滋十分美味，食譜請見287頁。

地中海風味口袋麵包

口袋麵包最適合搭配生菜蔬果，在休息日或騎完車後享用。我們所有的食譜都可以任意搭配家中的肉品，不過誠心建議你試試看希臘肉捲（羊肉），絕對包君滿意。如果是騎車前吃這道料理，可以把蔬菜換成白飯或馬鈴薯。

蔬菜
綜合蔬菜1杯
小黃瓜½條，切碎
番茄½顆，切碎
洋蔥¼顆，切碎
荷蘭芹1湯匙，切碎

優格醬
原味優格¼杯
橄欖油1湯匙
檸檬1顆，榨成汁

口袋麵包2片
橄欖油
蛋2顆
希臘肉捲切下來的瘦肉¼杯
弄碎的費達起司¼杯

❶ 蔬菜裝進大碗。

❷ 優格醬作法：所有食材裝進小碗混勻，如果用的是希臘優格，就再加少量水。可加少許鹽巴和胡椒調味。

❸ 口袋麵包刷橄欖油，下鍋煎熱。一邊煎，一邊在另一鍋炒蛋。炒蛋完成後，將希臘肉捲下鍋炒熱。完成後兩鍋皆從爐上移開。

蔬菜（白飯或馬鈴薯）可以鋪在口袋麵包上，或是塞進麵包裡。之後依序放上炒蛋、肉和起司，最後淋上優格醬，擠幾滴檸檬汁。

每份含**熱量**450卡 · **脂肪**25克 · **鈉**771毫克 · **碳水化合物**39克 · **纖維**2克 · **蛋白質**17克

鮮蔬蛋三明治

深綠色蔬菜佐橄欖油和檸檬汁，正是本道三明治的招牌。請找顏色最深、嘗起來最苦的蔬菜，讓整體口感形成對比，同時補充運動消耗的營養。芥末葉、甜菜葉、芥藍菜葉、羽衣甘藍或菠菜都是很棒的食材。

新鮮蔬菜1杯，切除粗莖
厚切鄉村麵包2片
橄欖油
蛋2顆，稍微打散
檸檬一小塊
帕瑪森起司粉

自由搭配佐料
番茄
莎莎醬

❶ 取一淺鍋倒水，高度約2.5公分，加少許鹽煮沸。青菜下鍋煮到軟，約3-5分鐘。用濾網瀝乾，再用廚房紙巾將水分吸乾。

❷ 麵包兩面刷橄欖油，下熱鍋煎酥或用烤箱烤熱，幾分鐘即可，當心別烤焦了。

❸ 取深煎鍋煮一顆蛋，形式隨意。

蔬菜和炒蛋放上烤好的麵包，榨幾滴檸檬汁，撒帕瑪森起司粉，加點鹽巴和胡椒添增風味。

大廚秘訣 蔬菜的量可以自己調配，一杯大概是一大把的量，想多吃儘管再加。

每份含**熱量**537卡 · **脂肪**16克 · **鈉**700毫克 · **碳水化合物**71克 · **纖維**6克 · **蛋白質**28克
搭配佐料的營養標示請參考附錄A。

西班牙臘腸蛋三明治

西班牙臘腸是一種重口味的碎豬肉香腸,在西班牙和墨西哥都很常見。如果附近超市買不到,也可以換成其他香腸或臘腸。臘腸風味十足,熱量相對較高,所以最好用水波蛋,不要用煎蛋。

西班牙臘腸60-85克
洋蔥切薄片¼杯
白醋
蛋1顆
鄉村麵包2片
橄欖油

自由搭配佐料
帕瑪森起司粉
新鮮羅勒

❶ 深煎鍋開中大火,放臘腸和洋蔥下去拌炒,煮到臘腸顏色轉深、洋蔥變軟,大約8-10分鐘即可起鍋。倒掉鍋裡的油。

❷ 水波蛋作法:準備一鍋水,加少量白醋煮沸。打一顆蛋到小杯子或長柄勺上,小心放進水裡。等4-5分鐘,蛋變成白色,看得見蛋黃之後,再拿濾勺或刮鏟把煮好的蛋撈起來。

❸ 麵包兩面抹橄欖油,放到熱鍋煎酥或者送進烤箱烤幾分鐘,小心別把麵包烤焦。

將烤好的麵包擺盤,先放臘腸,再放水波蛋。榨幾滴新鮮檸檬汁,也可以滴一些橄欖油提味。

每份含**熱量**483卡 · **脂肪**29克 · **鈉**1058毫克 · **碳水化合物**28克 · **纖維**3克 · **蛋白質**25克
搭配佐料的營養標示請參考附錄A。

地瓜煎餅

地瓜煎餅鹹中帶甜。如果是當輕食早餐，可以加自己喜歡的果醬或優格。運動完想吃頓早午餐，就搭配些許苦味生菜（見282頁）。有空的時候不妨做個兩分，冰進冰箱留待以後享用。

預煮 煮熟地瓜2杯，去皮
蛋2顆
麵包丁½杯（2片吐司的量）
新鮮羅勒切碎2湯匙
紅洋蔥切碎2湯匙
肉豆蔻粉少許
瑞士起司丁¼杯，

自由搭配佐料
果醬
原味優格

❶ 除了起司丁之外，所有食材放進碗裡或食物調理機攪勻。

❷ 用手捏出厚厚的圓餅，直徑約7.5-10公分。再把1、2個起司丁壓進圓餅中間。

❸ 倒一點橄欖油到深煎鍋，開中大火，圓餅下鍋直到放滿為止，第一面煎至金黃酥脆再翻面繼續。剩下的圓餅也是同樣作法。

❹ 放進350度的烤箱烤10分鐘，徹底烤熱地瓜餅，讓起司丁融化。

可以搭配果醬、原味優格或橄欖油一起享用，一次可做4塊煎餅。

大廚秘訣 使用無麩質麵包最佳。

每份（1塊煎餅）含**熱量**275卡・**脂肪**6克・**鈉**303毫克・**碳水化合物**45克・**纖維**3克・**蛋白質**10克
搭配佐料的營養標示請參考附錄A。

培根馬鈴薯煎餅

這道煎餅和地瓜煎餅不同，煎鍋的部分較多，手作時間不長。培根馬鈴薯煎餅同樣可以補充訓練消耗的能量，也很適合當午後輕食點心。打包帶走之前，記得加一點泰國Sriracha辣椒醬，讓味道更豐富。

中顆洋蔥1顆，切碎

預煮 煮熟馬鈴薯4杯，去皮

預煮 煮熟培根切碎¼杯

新鮮香草料切碎¼杯

（荷蘭芹、羅勒、百里香和龍蒿，全加或擇一皆可）

蛋6顆，稍微打散，加少許鹽或胡椒

自由搭配佐料

刨絲起司½杯

Sriracha辣椒醬

1. 烤箱預熱至350度。
2. 深煎鍋倒一點油，開中大火。加入洋蔥炒到透明變軟，約需5分鐘，完成後從爐上移開。
3. 馬鈴薯裝進大碗搗碎，留幾個小塊狀。加入其他食材（包括搭配佐料），攪拌均勻。
4. 準備9吋的方形烤盤，抹油，將攪勻的餡料平鋪到烤盤上，大約烤20分鐘。取出放涼5分鐘再上桌。

大廚秘訣 一般家裡不一定有烤盤，你可以使用手邊的餐具，不過要記住，使用比較小的盤子，煎餅就會相對比較厚，烘烤時間相對拉長。

每份含**熱量**206卡·**脂肪**5克·**鈉**141毫克·**碳水化合物**33克·**纖維**3克·**蛋白質**8克
搭配佐料的營養標示請參考附錄A。

若是在賽事前或比賽途中食用，塔可調味粉和莎莎醬加一點點即可，甚至不必加。如果是邊騎邊吃，那連肉也不要放。運動完或是休息日，地瓜可以連皮一起吃，攝取更多纖維。 ★

地瓜蛋墨西哥捲餅

我們和職業自行車手合作的時候，習慣帶上保冷箱，裡面裝滿墨西哥捲餅，等選手訓練兩、三個小時之後，就遞個捲餅給他們吃，因為大家都不太喜歡補給車提供的制式食物。下次晨間練習的時候，你可以自己帶一條捲餅，輕鬆上路。

預煮 煮熟地瓜填滿1杯

火雞瘦絞肉225克

蛋6顆，稍微打散

液態胺基酸1湯匙

紅糖½湯匙

切達起司刨絲½杯

大張（25公分）全麥墨西哥餅皮6張，加熱

自由搭配佐料

現成莎莎醬6湯匙

紅腰豆或紅豆2杯，煮熟洗淨瀝乾

塔可調味粉2茶匙（289頁）

香菜或細香蔥，切碎

❶ 將地瓜搗成泥（自行決定去皮與否）。

❷ 深煎鍋倒一點油，開中大火，把火雞肉煎熟。

❸ 加進地瓜泥和蛋液，如果有搭配的佐料也放進去，拌到變成軟嫩的炒蛋即可從爐上移開。

❹ 加入液態氨基酸和紅糖，撒點鹽和胡椒提味。

將餡料平均鋪在熱過的餅皮上。
撒上起司絲，捲起餅皮，記得先把短的兩邊塞進去再捲，餡料才不會跑出來。用保鮮膜包起來，可冷藏或冷凍。

每份（1捲）含**熱量**352卡·**脂肪**5克·**鈉**896毫克·**碳水化合物**58克·**纖維**4克·**蛋白質**19克
搭配佐料的營養標示請參考附錄A。

冷凍蔬菜是這道料理的最佳利
器，從冰箱取出到下鍋只需短
短幾秒，不僅省時省錢，味道
也很不錯。 ★

義大利麵加蛋

從本頁起的「豐盛早餐」單元當中，許多道料理都可以在全天時段享用。義大利麵加蛋是一道高人氣餐點，選手特別喜歡在騎一大段路程之前吃這道。我們做成素食料理，如果想攝取蛋白質，你也可以加培根、雞肉或罐頭鮪魚。

預煮 煮熟義大利麵4杯
奶油乳酪2湯匙
綜合蔬菜1杯，切小塊
罐裝鷹嘴豆1杯
新鮮荷蘭芹¼杯，切碎
帕瑪森起司粉¼杯
蛋2顆

❶ 深煎鍋倒一點油，開中大火，放義大利麵下去攪拌加熱。奶油乳酪切成小塊放入，均勻混和後關火。

❷ 加蔬菜、鷹嘴豆、荷蘭芹和起司，拌勻。

❸ 用另一個鍋子煎蛋，形式隨意。

將義大利麵分裝成兩盤，放上煎好的蛋，撒點鹽巴和胡椒提味。

大廚秘訣 試試無麩質的藜麥義大利麵，如照片所示。

每份含**熱量**560卡・**脂肪**16克・**鈉**432毫克・**碳水化合物**78克・**纖維**12克・**蛋白質**28克

使用海藻、魚乾製
成的日本香鬆，美
味更上一層樓。★

白飯加蛋

大部分的職業車手都以這道樸素的料理為主食，尤其比賽的日子更是如此。2010年環法賽，RasioShack車隊每天都吃白飯加蛋當早餐。如果你也養成習慣每天吃，可以選幾種喜歡的調味料輪流換口味（尤其是胺基酸與Sriracha辣椒醬）。

預煮 煮熟白飯4杯

蛋4顆

鹽1茶匙

自由搭配佐料
Sriracha辣椒醬
液態胺基酸或低鹽醬油
日式香鬆
烤過的芝麻

❶ 白飯撒一點水，倒進深煎鍋，開中大火加熱。

❷ 煮一顆蛋，全熟、半熟荷包蛋或炒蛋皆可。

❸ 拿一個大碗盛飯，放上荷包蛋，撒少許鹽，加你喜歡的調味料。

大廚秘訣 如果想控制鈉的攝取量，鹽巴少放半茶匙，不要加醬油或香鬆，改吃液態胺基酸或低鹽醬油。

每份含熱量530卡．脂肪11克．鈉1473毫克．碳水化合物88克．纖維2克．蛋白質18克
搭配佐料的營養標示請參考附錄A。

西班牙烘蛋

如果你曾去過西班牙旅遊或騎車，一定有嘗過西班牙烘蛋。這道經典料理人見人愛，食材只需馬鈴薯、雞蛋、洋蔥，再來一點喜歡的起司粉，簡單又有飽足感。烘蛋料理三餐皆宜，冷熱都好吃。

橄欖油½杯以上
馬鈴薯片4杯，厚度1.2公分
中顆甜洋蔥片2顆切片，厚度1.2公分
蛋8顆
肉豆蔻粉少許
鹽巴和胡椒少許

自由搭配佐料
帕瑪森起司粉
番茄

❶ 拿深一點的不沾鍋開中大火，倒¼杯橄欖油。馬鈴薯分兩、三次下鍋，煮到有點脆之後，拿濾勺舀起來，放到鋪紙巾的盤子吸油。接著下洋蔥煮熟，油若不夠就再加，以免沾鍋。

❷ 拿個大碗打蛋，加入肉豆蔻粉、鹽和胡椒一起稍微打散，再放進煮好的馬鈴薯和洋蔥攪勻。

❸ 把不沾鍋的油倒掉，剩鍋底薄薄一層，開中大火，把拌好的料倒進去。稍微炒一下馬鈴薯和洋蔥，大約5分鐘，當蛋開始變熟，邊緣定型，就進行下一步。

❹ 在不沾鍋上面蓋一個大盤子，將半熟的烘蛋倒扣到盤子上，再把烘蛋放回鍋裡，生的那一面朝下，繼續烘2-3分鐘，直到底部變香酥為止。可以加一點起司粉或番茄增添風味。

趁熱享用，或者放涼，下次騎車帶著吃。

每份含**熱量**305卡．**脂肪**19克．**鈉**203毫克．**碳水化合物**27克．**纖維**3克．**蛋白質**9克
搭配佐料的營養標示請參考附錄A。

法式鹹派

大部分的鹹派食譜都採用傳統派皮作法，雖然很美味，但用的是小麥麵粉和起酥油。我們的食譜較健康，做起來不費時，又富飽足感。如果有興趣，也可試試無麩質麵包派皮，儘管烘烤時間稍長，成果絕對值得你耐心等候。

派皮
一般麵包或無麩質麵包3-4片（2杯）
牛油2湯匙

餡料
蛋8顆
杏仁奶或鮮奶¼杯
瑞士起司刨絲½杯，
鹽½茶匙
肉豆蔻粉½茶匙（可加可不加）
蔬菜½杯，切細絲
（洋蔥、甜椒和深色花椰菜，擇一或全加）
預煮 煮熟肉類¼杯，切細塊
（培根、火腿薄片、臘腸或烤雞肉）

① 烤箱預熱至325度。
② 麵包放入食物調理機或攪拌器打成麵包粉。如果使用攪拌器，麵包一次不要放太多。接著加入牛油，攪成一團麵糊。將麵糰平均鋪在派餅烤盤上。
③ 派皮烤8-10分鐘。
④ 取大碗，把蛋和牛奶拌勻。加入起司粉、鹽和肉豆蔻粉，再加進蔬菜和熟肉塊，攪勻倒進派皮。
⑤ 烤35-40分鐘，烤到中心變熟定型（可以用刀子戳看看）。

出爐後靜置幾分鐘再切派，趁熱上桌或室溫放涼皆可。沒吃完要冷藏。

每份含 **熱量**258卡‧**脂肪**17克‧**鈉**584毫克‧**碳水化合物**12克‧**纖維**1克‧**蛋白質**13克
搭配佐料的營養標示請參考附錄A。

藜麥鮮蔬雜煮[2]加蛋

這道營養滿點的雜煮料理冷熱皆宜,事先把藜麥和地瓜煮好,早上就可以省點工夫。食材可以自行變換,手邊有什麼就煮什麼,雜煮本來就是隨意的料理。

橄欖油2湯匙
中顆洋蔥1顆,切片
預煮 煮熟地瓜切丁2杯
新鮮荷蘭芹切碎¼杯
預煮 煮熟藜麥3杯
鹽、胡椒、帕瑪森起司粉
蛋2顆

1. 深煎鍋倒少許油,開中大火,下洋蔥片煎至稍微轉褐色。
2. 加入地瓜和荷蘭芹,煎至地瓜表面顏色變深。
3. 加入煮好的藜麥,加鹽、胡椒和起司粉調味。
4. 取另一個鍋子煮蛋,形式隨意。

鮮蔬藜麥分裝兩盤,擺上煮好的蛋,加幾滴新鮮檸檬汁,淋一點橄欖油或辣醬提味即可上菜。

每份含**熱量**725卡・**脂肪**26克・**鈉**830毫克・**碳水化合物**101克・**纖維**11克・**蛋白質**25克

2. Hash大部分都是利用剩菜製成,如小塊熟肉,、海鮮或蔬菜,一般美式餐廳最常使用醃牛肉和馬鈴薯塊。

蛋也可改成紅腰豆、扁豆或黑豆。如果你想吃高纖低熱量的料理（表示你早餐後不進行訓練），就用胡蘿蔔或南瓜類代替地瓜。★

西班牙甜椒杏仁醬是一種西班牙傳統調味醬，常用於加泰隆尼亞的料理。西班牙甜椒杏仁醬的做法有很多種，依個人喜好和當地食材而定。基本作法是麵包粉加堅果類（通常是杏仁）一起烘烤，再放辣椒、番茄、大蒜、洋蔥和一點醋調製而成。風味十足，飽滿扎實。 ★ 完整食譜請見285頁。

雞肉培根雜煮

這道雜煮使用燻香多汁的培根和雞肉，配上辛香的西班牙甜椒杏仁醬恰到好處。如果沒空做西班牙甜椒杏仁醬，現成莎莎醬或喜歡的辣醬也是不錯的選擇。

培根110克，切碎

雞肉225克，切塊

預煮 煮熟馬鈴薯2顆，去皮切成一口大小

洋蔥切細絲¼杯

甜椒切細絲¼杯

新鮮羅勒切碎2湯匙

西班牙甜椒杏仁醬（285頁）

❶ 培根下鍋開中火煎至香脆，把油瀝乾。

❷ 加入雞肉，接著放馬鈴薯、洋蔥和甜椒。雞肉煎熟，馬鈴薯則依自己想要的脆度而定，大約煎8-10分鐘。綴上荷蘭芹，撒鹽和胡椒提味。

每份含**熱量**481卡 · **脂肪**11克 · **鈉**603毫克 · **碳水化合物**51克 · **纖維**4克 · **蛋白質**44克

★ 早餐塔可餅搭配香菜薄荷優格，非常對味。食譜請見286頁。

墨西哥早餐塔可餅

塔可餅好吃又好玩，最適合在周末早晨和家人共享。每種食材各別煮熟，炒蛋的時候可以將馬鈴薯和培根送進烤箱保溫。我們以香菜薄荷優格代替酸奶醬，和塔可餅很搭。

培根115克，切碎
馬鈴薯切丁½杯
預煮 煮熟花豆½杯
起司刨絲¼杯，
青蔥或洋蔥，切碎
炒蛋4顆
玉米餅或塔可餅皮4張
莎莎醬4湯匙
香菜薄荷優格（286頁）

❶ 深煎鍋加少許油，開中大火煎培根，起鍋備用。

❷ 將馬鈴薯和花豆放進同一個鍋裡煮軟，馬鈴薯變深色之後起鍋備用。

❸ 等待馬鈴薯和花豆的同時，將起司削成絲，洋蔥切碎。

❹ 炒四顆蛋。

❺ 用錫箔紙包餅皮，或是把錫箔紙鋪在烤盤上，放進烤箱加熱。（記得顧好餅皮，一個不小心可能會著火！）

所有配料擺盤，讓家人自己動手包塔可餅。

每份（1塊塔可餅）含**熱量**268卡‧**脂肪**13克‧**鈉**459毫克‧**碳水化合物**23克‧**纖維**4克‧**蛋白質**15克

白脫牛奶薄餅

美國車手最喜歡在騎車前吃份薄餅。賽季期間，選手必須非常注重飲食，薄餅不僅美味，還能適時補充所需的碳水化合物。

乾性食材

中筋麵粉1又½杯

紅糖2湯匙

發粉1又½茶匙

小蘇打粉1茶匙

肉桂粉1茶匙

濕性食材

白脫牛奶1又½杯（見大廚提點）

蛋2顆，稍微打散

奶油¼杯，加熱融化

❶ 所有乾性食材放入大碗攪勻。

❷ 輕輕拌入濕性食材，再慢慢倒入鮮奶，調至適當的濃度，不要過度攪拌。

❸ 深煎鍋倒少許油，開中大火，依自己想要的大小倒入麵糊（留點空間讓麵糊膨脹），邊緣出現泡泡或第一面呈金黃色即可翻面，待第二面煎熟即可。

將煎好的薄餅裝盤，擺上喜歡的水果。一次約可做6片薄餅。

大廚提點 若手邊沒有白脫牛奶，可準備1½杯鮮奶，加入1茶匙檸檬汁，攪拌後靜置5分鐘即可使用。

大廚秘訣 省時妙方。準備2至3分乾性食材，裝入密封容器，放進食物櫃。要做的時候舀2杯出來即可。

每份（3片薄餅）含有**熱量**771卡・**脂肪**32克・**鈉**519毫克・**碳水化合物**96克・**纖維**3克・**蛋白質**25克

香蕉米薄餅

米薄餅是碳水化合物的優良來源，而且不含小麥麩質。米薄餅的調理時間比一般薄餅稍長，不過口感十分濕潤綿密。

預煮 煮熟白飯2杯

蛋2顆，稍微打散

香蕉1根

紅糖2湯匙

在來米粉或馬鈴薯粉1湯匙

鮮奶1又½-2杯

鹽1撮

自由搭配佐料

香草精或杏仁精1茶匙

肉桂粉和肉豆蔻粉少許

❶ 烤箱預熱至325度。

❷ 所有食材放入攪拌器，慢慢倒入鮮奶，調整到想要的濃度。米薄餅的麵糊會比一般薄餅濃稠。

❸ 深煎鍋倒少許油，開中大火，依照想要的大小倒入麵糊（留點空間讓麵糊膨脹）。米薄餅的定型時間較長，記得等定型再翻面。兩面各煎4分鐘左右。

將煎好的薄餅送進烤箱，繼續煎剩下的薄餅。一次約可做6片薄餅。

每份（3片薄餅）含**熱量**405卡‧**脂肪**7克‧**鈉**100毫克‧**碳水化合物**71克‧**纖維**3克‧**蛋白質**16克

杏仁粉是整顆杏仁磨成細粉的食材，超市大多歸類在烘焙食品或健康食品區。你也可以在家自己動手做，用食物調理機或攪拌器將杏仁打成粉狀，記得別攪拌太久，否則會打成杏仁奶油！★

肉桂杏仁薄餅

這道薄餅以杏仁粉製成，不含麩質，而且碳水化合物含量比一般薄餅低。杏仁薄餅輕薄易碎，與其說薄餅，不如說像可麗餅。

杏仁粉1杯
蛋2顆
鮮奶或水¼杯
食用油2湯匙
蜂蜜或龍舌蘭花蜜1湯匙
肉桂粉和鹽少許

自由搭配佐料
烤杏仁條
原味優格

❶ 所有食材裝進碗裡混勻。

❷ 深煎鍋倒少許油，開中大火，熱鍋後倒入麵糊，每塊薄餅之間留點空間膨脹。杏仁薄餅和一般薄餅不同，它不會冒泡，所以要看薄餅邊緣，如果變成褐色就可以翻面煎。

趁熱上桌，佐以烤杏仁條、優格或新鮮水果。一次約可做6片薄餅。

大廚秘訣 更簡單的做法：如果你沒有麩質過敏問題，可以直接使用平常吃的市售鬆餅粉，加入杏仁粉，作法按照包裝指示即可。

每份（3片薄餅）含**熱量**557卡・**脂肪**47克・**鈉**447毫克・**碳水化合物**23克・**纖維**6克・**蛋白質**19克
搭配佐料的營養標示請參考附錄A。

地瓜薄餅

地瓜薄餅有幾道食譜可參考，以下這種最簡單。薄餅的厚度取決於杏仁奶的量，不過也要看地瓜的含水量。放一點烤好的杏仁條在薄餅上，讓口感更豐富，有時候我也會在麵糊裡加杏仁粉。

乾性食材

中筋麵粉2杯
發粉3茶匙
鹽1茶匙
肉桂粉½茶匙
紅糖2湯匙

濕性食材

預煮 煮熟地瓜2杯，搗成泥
蛋2顆，稍微打散
杏仁奶1又½-2杯
融化牛油2湯匙

❶ 所有乾性食材裝大碗混勻。

❷ 取另一個碗，放入地瓜、蛋、1杯杏仁奶和融化的牛油，攪拌均勻。加入乾性食材混勻，如果想要餅皮厚一點，就再多倒一點杏仁奶。

❸ 深煎鍋倒少許油，開中大火，將麵糊倒入鍋內，煎到邊緣呈金黃色，翻面繼續，直到第二面也呈金黃。

加一點烤過的杏仁條，附上優格或花生醬一起上桌。一次約可做8片薄餅。

大廚秘訣 也可以選擇罐裝的有機地瓜，一大罐大約等於2條地瓜。

每份（2塊薄餅）含**熱量**573卡・**脂肪**22克・**鈉**798毫克・**碳水化合物**81克・**纖維**7克・**蛋白質**16克
搭配佐料的營養標示請參考附錄A。

其他自由選擇的配料：取一小碗，放入½杯杏仁條和1茶匙紅糖，拿一個小鍋子開中大火，不必加油，熱鍋後關火，倒進杏仁條和紅糖攪拌，讓融化的紅糖包裹住烤熱的杏仁條，約3分鐘可完成。將鍋子從爐上移開。 ★

吃不完的橘子糖漿留
待隔天早餐，搭配燕
麥粥一同享用，也可
以淋在烤雞上增加酸
甜香氣。★

法式鄉村麵包

一塊鄉村麵包，配上一盅橘子醬，法式吐司也可以很不一樣。除了鄉村麵包之外，其他口感扎實的麵包也是不錯的選擇，譬如辮子麵包、天然酵母麵包、法國麵包、馬鈴薯麵包或全麥麵包等。如果可以，麵包靜置一天再做這道料理，才不會因為吸太多水分，在下鍋之前就軟爛。

厚切麵包4-6片
蛋3顆
鮮奶1杯
糖2湯匙
香草精1茶匙
南瓜派香料粉1茶匙
奶油1湯匙

橘子糖漿
楓糖漿1杯
香草精1茶匙
橘子果醬1湯匙

❶ 不喜歡吐司邊可以切掉（吐司邊是麵包粉的絕佳材料）。將蛋、鮮奶、糖、香草精和南瓜派香料粉放進碗中，或丟到攪拌器打勻。將麵包片浸到碗裡，兩面都浸濕。

❷ 深煎鍋倒少許油，開中大火，挖1茶匙奶油放到鍋上塗勻，放麵包片，底面煎至呈金黃色再翻面。

❸ 橘子糖漿作法：混合所有食材，加熱後上桌，沒用完的糖漿記得冷藏。

撒糖粉，切點新鮮水果，橘子糖漿另外擺在一旁。

大廚秘訣 南瓜派香料粉的成分是肉豆蔻粉、肉桂粉和多香果粉。使用手邊的食材即可。

每份（3塊麵包）含**熱量**456卡·**脂肪**12克·**鈉**857毫克·**碳水化合物**66克·**纖維**3克·**蛋白質**22克
糖漿（2茶匙）含**熱量**110卡·**脂肪**0克·**鈉**0毫克·**碳水化合物**28克·**纖維**0克·**蛋白質**0克

法式鄉村麵包三明治

法式麵包配上愛吃的水果、堅果油脂和其他好料，就成了一道令人垂涎的三明治。
食譜裡有幾種我們喜歡的組合，你也應該試試搭配自己的獨家配料。

厚切麵包4-6片
蛋3顆
鮮奶1杯
蜂蜜或龍舌蘭花蜜2湯匙
香草精或杏仁精2茶匙
鹽½茶匙
奶油1湯匙

三明治配料
奶油乳酪2湯匙
火腿薄片2片
或者
Nutella巧克力醬4湯匙
香蕉1根，切片
或者
蘋果1顆，切片
蜂蜜2湯匙

❶ 烤箱預熱至350度。不喜歡麵包邊可以去掉（留著做麵包粉）。

❷ 取一大沙拉碗，放入蛋、鮮奶、龍舌蘭花蜜、香草精和鹽混勻。備妥三明治配料。

❸ 將麵包片放進沙拉碗浸濕，同時開中大火，挖1匙奶油在深煎鍋上抹勻。

❹ 麵包片下鍋煎至兩面呈金黃色，同時浸濕另外兩片麵包。

❺ 將煎好的麵包片鋪在烘焙紙上，把你喜歡的配料放在其中一片麵包上，蓋上另一片麵包，稍微往下壓緊。送進烤箱，繼續將剩下的麵包煎酥。麵包大約烤5分鐘即可上桌。如果你趕時間，可以省略烤箱的步驟。配料嘗起來比較冷硬，不過口感仍然一流。

每份（火腿起司）含**熱量**385卡・**脂肪**12克・**鈉**1151毫克・**碳水化合物**50克・**纖維**2克・**蛋白質**19克
每份（巧克力香蕉）含**熱量**424卡・**脂肪**11克・**鈉**891毫克・**碳水化合物**66克・**纖維**4克・**蛋白質**16克
每份（蜂蜜蘋果）含**熱量**388卡・**脂肪**7克・**鈉**1272毫克・**碳水化合物**67克・**纖維**3克・**蛋白質**15克

這道早餐很適合使用無
麩質麵包，不過浸泡時
間稍長。★

★★★

設計口袋點心的初衷，是想取代車手常吃的營養棒和包裝食品。終點前的路程是衝刺的關鍵，也是消化食物、吸收水分的時間，我們發現選手若只吃那種高能量又甜膩的營養棒，通常騎到最後都會發生腸胃不適。此外，車手早已經吃膩那些味道很差的包裝食品，結果大家都吃不飽。為了解決問題，比賽期間許多料理都由我們一手包辦，包括迷你三明治和營養米棒。

鹹米棒是車手最愛吃的點心，以蓬萊米、炒蛋和培根製成，靈感來自粽子。粽子以粽葉包覆，米棒以錫箔油紙包裝，不但保鮮，訓練或比賽途中也方便食用。任何好消化的碳水化合物都可以分裝包進錫箔油紙，儘管把你喜歡的甜零食或鹹零食做成口袋點心吧，訓練比賽兩相宜！

口袋點心PORTABLES

水煮馬鈴薯食譜

水煮馬鈴薯是主車隊常吃的點心,材料只有三種:馬鈴薯、橄欖油和帕瑪森起司。準備12-13顆馬鈴薯,直徑不超過4公分,洗淨後不去皮,放進一鍋滾水煮10分鐘。(帶皮的馬鈴薯才不會煮到濕軟。)瀝乾水分,小心去皮,取兩個小碗分別裝橄欖油和帕馬森起司粉,馬鈴薯先裹油,再沾粉,放到盤子上冷卻,起司粉會附著在表層。將馬鈴薯一個個包好,訓練空檔即可大快朵頤,同時補充碳水化合物和鹽分。

點心帶著走

V 素食
G 無麩質

動手包包樂

把市售營養棒丟到一旁。從現在起，自己動手包點心，騎車外出都方便。無論米棒、口袋點心、迷你三明治、水煮馬鈴薯或甜糕，全都可以包起來帶著趴趴走。

步驟1

將點心切成長7.5公分、寬6公分的方塊，約莫一塊布朗尼的大小。（數字僅供參考，可依照喜好或食量，隨意調整大小。）將食物置於長寬約20公分的錫箔油紙（Paper Foil，一面是錫箔紙，一面是油紙）中央，油紙面朝上。

★★★

步驟2

米棒較長的兩邊長條往中間摺，交疊在一起。

★★★

步驟3

將上層的長邊反摺，以便打開包裝，有空位可以握著點心，不會弄髒手。

步驟4

像包禮物一樣,將短邊兩側收起,摺成三角形。

★ ★ ★

步驟5

將三角形反摺到底部。

大廚秘訣 若將米棒和馬鈴薯餅各別一個個包好,可以延長保存期限。點心放涼後切塊分裝,放進夾鍊袋冷藏,之後想吃可以抓了就上路!

錫箔紙

歐洲的醫護人員會購買一種叫「錫箔油紙」的包裝紙,長寬20公分,一面錫箔一面油紙。油紙讓錫箔保持形狀,不容易變皺,放在運動褲口袋帶著走,食物也可以安然無恙,隨時都能拆開吃掉。美國沒有錫箔油紙,唯一稍微類似的產品是「瑪莎錫箔紙」(Martha Wrap™),某些連鎖超市或網路商家有販售。如果無法取得錫箔油紙,厚錫箔紙勉強可以撐場。

亞倫特製營養米棒

待在訓練營和比賽的期間，我想準備一些現做鹹食，讓車手可以邊騎邊吃，營養米棒於焉誕生。以往車手都吃包裝甜食，米棒一推出立刻獲得熱烈迴響，除了滿足味蕾之外，米飯也可以持續提供熱量，填飽車手的胃。

蓬萊米2杯，或其他帶有黏性的中等晶粒米

水3杯

培根225公克

蛋4顆

液態胺基酸或低鹽醬油2湯匙

紅糖

鹽和帕瑪森起司粉（可加可不加）

❶ 生米加水放入電鍋。

❷ 煮飯的同時，將培根切碎下鍋煎熟，煎到酥脆時起鍋，將多餘的油脂瀝乾，再拿廚房紙巾吸油。

❸ 取一小碗打蛋，開大火，炒熟一點也無妨，待會更容易和飯混勻。

❹ 取一大碗，或是在電鍋內鍋裡將飯、培根和炒蛋拌勻，加入紅糖和液態胺基酸或低鹽醬油提味。取一8-9吋方形烤盤，將拌好的飯平鋪在烤盤上，厚度約4公分，再撒糖和鹽提味，也可加一點起司粉。

將烤好的米棒切塊分裝，大約可做10塊營養米棒。

大廚秘訣 米棒使用的米粒首推蓬萊米，蓬萊米是一種中等晶粒米，常見於亞洲料理。烹調時間短（20分鐘以內），帶有堅果香味，黏度足夠維持米棒的形狀。如果買不到蓬萊米，其他中等晶粒米或壽司米也可。

每份（1塊營養米棒）含**熱量**225卡・**脂肪**8克・**鈉**321毫克・**碳水化合物**30克・**纖維**1克・**蛋白質**9克

為什麼選擇米飯？一般營養棒由燕麥和其他乾性食材做成，如果自己在家做，很難把這些材料固定在一起。再說，白米便宜，容易咀嚼消化，又是每戶人家的必備主食，糯米也是不錯的替代方案，這些米類的黏性強，很適合做營養棒。★

雞肉香腸營養米棒

李維‧萊法莫不吃培根,所以我們為他特製這道雞肉香腸營養米棒。雞肉蘋果香腸是我們的最愛,口感稍甜,不會對胃造成太多負擔。我們也試過各種義式香腸,不過訓練期間最好還是吃清淡些。

蓬萊米2杯,或其他帶有黏性的
中等晶粒米
水3杯
淡味雞肉香腸450公克
紅糖2湯匙
低鹽醬油1湯匙
蛋3顆

❶ 生米加水放入電鍋。

❷ 等飯煮好的同時,深煎鍋開中大火,將粉色的香腸煎至深色,瀝乾油脂。加入紅糖和低鹽醬油調味(如果香腸本身口味夠重,則不必加。)

❸ 蛋稍微打散,下深煎鍋翻炒,不要炒太熟,留點水分。

❹ 煮好的飯盛入大碗,加入香腸和炒蛋拌勻,取一8-9吋方形烤盤,將拌好的飯鋪平,厚度約4公分。

將烤好的米棒切塊分裝,大約可做10塊營養米棒。

每份(1塊營養米棒)含**熱量**228卡‧**脂肪**5克‧**鈉**343毫克‧**碳水化合物**33克‧**纖維**1克‧**蛋白質**11克

培根腰果營養米棒

我們把亞倫的特製米棒換點花樣,做出培根腰果米棒,這道料理是法國單車雜誌《Velo Magazine》的朋友最喜歡的口味。培根配上腰果和堅果油脂,鹹鹹甜甜,十分可口。這道米棒富含蛋白質,適合長途訓練的車手。

蓬萊米2杯,或其他帶有黏性的
中等晶粒米

水3杯

培根225公克

蛋3顆

腰果½杯,生腰果或烤腰果皆可

堅果油脂¼杯

葡萄乾½杯(可加可不加)

❶ 生米加水放入電鍋。

❷ 等飯煮好的同時,取平底鍋開中大火煎培根,起鍋時將多餘的油脂瀝乾,將培根包在廚房紙巾裡壓碎。

❸ 取一小碗打蛋,開中火輕輕拌炒。

❹ 取一大碗,將飯、培根、炒蛋、腰果、堅果油脂和葡萄乾混勻。取一個8-9吋方形烤盤,將拌好的飯鋪平,厚度約4公分。

放進冰箱冷藏,完全冷卻之後再將米棒切塊分裝,大約可做10塊營養米棒。

每份(1塊營養米棒)含**熱量**286卡・**脂肪**14克・**鈉**246毫克・**碳水化合物**31克・**纖維**1克・**蛋白質**10克
搭配佐料的營養標示請參考附錄A。

鹹味麵包棒

另一道麵包做成的點心也很適合受訓的車手，你可以一次做好一大塊麵包棒，切好分裝後放進冰箱冷藏。

喜歡的麵包4杯，切丁
鮮奶2杯
蛋4顆，稍微打散
起司粉或起司絲½杯（帕瑪森、莫扎瑞拉、切達起司等）
預煮 煎熟培根或其他肉類½杯，切碎
紅糖

① 烤箱預熱至350度。

② 取一大碗放麵包丁。取平底鍋開小火，倒入鮮奶慢煨。將熱好的鮮奶倒入碗中，與麵包丁拌勻。靜置一分鐘，浸濕麵包。（無麩質麵包的靜置時間稍長。）

③ 加入蛋液、起司粉和培根，攪拌均勻後倒入吐司烤模，烤到麵包定型，約需20分鐘。

烤好之後撒上紅糖和鹽，放涼之後切塊分裝，大約可做8塊麵包棒。

每份（1塊麵包棒）含**熱量**141卡・**脂肪**6克・**鈉**307毫克・**碳水化合物**11克・**纖維**1克・**蛋白質**9克

蜂蜜無花果營養米棒

無花果餅乾是許多人的童年回憶，我們做了一點調整，換成無麩質的食材。無花果乾含有優質的纖維，是運動後補充體力的絕佳聖品，平時也可當成點心。不喜歡無花果的人，試試葡萄乾或椰棗。

蓬萊米2杯，或其他帶有黏性的中等晶粒米

水3杯

烤胡桃1杯

切碎的無花果乾1杯

蜂蜜2湯匙

紅糖（可加可不加）

1. 生米加水放入電鍋。
2. 烤胡桃作法：烤箱預熱至350度，烤盤鋪烤盤紙，擺上胡桃，送進烤箱8-10分鐘，第5分鐘取出烤盤稍微翻動一下。
3. 取一大碗，放進白飯、胡桃、無花果和蜂蜜，均勻攪拌。
4. 取一個8-9吋方形烤盤，將拌好的飯鋪平，厚度約4公分。依個人喜好撒些紅糖。

將烤好的米棒切塊分裝，大約可做10塊營養米棒。

大廚秘訣 將白飯、核桃和無花果放進食物調理機攪拌幾次，可以讓米棒的口感更扎實。

每份（1塊營養米棒）含**熱量**268卡·**脂肪**10克·**鈉**20毫克·**碳水化合物**41克·**纖維**3克·**蛋白質**6克

巧克力花生椰子營養米棒

許多運動員在訓練期間，毫不忌諱巧克力脆棒這種高熱量點心，於是我們加以改良，研發出巧克力米棒，滿足你對巧克力和花生的渴望，而且天氣再熱也不融你手！

蓬萊米2杯，或其他帶有黏性的
中等晶粒米
水3杯
花生1杯，可烤可不烤
原味椰子絲1杯
紅糖2湯匙
鹽1湯匙
蜂蜜或黑糖蜜（備用）
巧克力豆½杯

❶ 生米加水放入電鍋。

❷ 飯煮熟後，將巧克力豆以外的食材全部放進食物調理機，攪成濃稠鬆軟的麵糊。如果麵糊過乾，加一點蜂蜜或黑糖蜜。

❸ 加入巧克力豆，攪拌至融化，完全融入麵糊為止。

❹ 取一個8-9吋方形烤盤，將麵糊鋪平，厚度約4公分。依個人喜好，再放些花生或巧克力豆。

放涼後再切塊分裝，大約可做10塊營養米棒。

每份（1塊營養米棒）含**熱量**323卡・**脂肪**14克・**鈉**700毫克・**碳水化合物**44克・**纖維**3克・**蛋白質**6克

杏仁椰棗營養米棒

這道營養米棒十分豐盛,富含纖維。由於椰棗的糖分很高,極適合在大量運動後補充體力,但比較不建議當成訓練時段的點心。杏仁椰棗米棒非常扎實,分量可以切小塊一點。

蓬萊米2杯,或其他帶有黏性的中等晶粒米

水3杯

去籽椰棗1杯

生杏仁果1杯

紅糖2湯匙

粗鹽½湯匙

蜂蜜或龍舌蘭花蜜(備用)

❶ 生米加水放入電鍋。

❷ 飯煮熟後,將所有食材放進食物調理機,攪成濃稠鬆軟的麵糊。如果麵糊過乾,加一點蜂蜜或龍舌蘭花蜜。

❸ 取一個8-9吋的方形烤盤,將麵糊鋪平,厚度約4公分。

將烤好的米棒切塊分裝,大約可做10塊營養米棒。

大廚秘訣 將水果和堅果類的米棒妥善封存,最多可以冷藏保鮮一星期。

每份(1塊營養米棒)含**熱量**234卡・**脂肪**6克・**鈉**349毫克・**碳水化合物**41克・**纖維**3克・**蛋白質**5克

柑橘杏仁馬卡龍

歐洲主車群的車手喜歡在補給袋裡放些小點心、小零食，好在比賽途中補充糖分。我們的馬卡龍由杏仁粉做成，綴以橘子醬，大小正好可以一口吃下肚，讓你在踏板上輕鬆迎戰。

生杏仁果1杯
原味椰子絲450克（約4杯）
香草精1茶匙
蜂蜜¼杯
橘子果醬¼杯
蘋果醬或蜂蜜1-2湯匙
蛋白4顆

❶ 烤箱預熱至350度。

❷ 杏仁放進食物調理機磨成細粉，加入椰子絲、香草精、蜂蜜、橘子醬和1湯匙蘋果醬。繼續攪拌至濃稠糊狀。如果麵糊過乾，再加1湯匙蘋果醬或蜂蜜。

❸ 取一大碗，將蛋白打至乾性起泡（蛋白變濃稠，隆起呈尖狀）。

❹ 將麵糊和蛋白霜倒入碗中，輕輕攪拌。烘焙紙下墊一層烤盤紙，取一茶匙舀麵糊，在烘焙紙上做出馬卡龍。

❺ 送進烤箱15-20分鐘，烤至表層呈金黃色即可。

完全放涼後即可上桌，沒吃完的馬卡龍必須放進密封容器儲藏。氣候潮濕的地區，建議放進冰箱冷藏。大約可做18顆馬卡龍。

每份（1顆馬卡龍）含**熱量**131卡 · **脂肪**9克 · **鈉**15毫克 · **碳水化合物**11克 · **纖維**2克 · **蛋白質**3克

培根馬芬

培根馬芬半鹹半甜，大小適中，天氣清爽的時候，帶幾顆馬芬拿在手上或放進口袋帶著走。我們喜歡加一點半糖巧克力豆，讓味道層次更豐富。

預煮 煮熟米飯2杯

蛋2顆

蜂蜜2湯匙

在來米粉或馬鈴薯粉1湯匙

鹽½茶匙

鮮奶1杯

預煮 煮熟培根切碎¼杯

半糖巧克力豆1杯（可加可不加）

① 烤箱預熱至350度。

② 將白飯、雞蛋、蜂蜜、糯米粉和鹽放進攪拌器，高速攪拌均勻。接著分幾次慢慢倒入牛奶，攪成濃稠的麵糊，再拌入培根和巧克力豆。

③ 取馬芬烤模或杯子蛋糕紙杯模，馬芬模具需刷油，麵糊倒¾滿，烘烤15-20分鐘，直到馬芬中間定型（拿牙籤戳看看），麵糊並不會膨脹太多。

完全放涼，拿刀子輕輕刮出馬芬。需放冰箱冷藏，一次大約可做12顆馬芬。

大廚提點 如果你用的是新鮮剛煮好的飯，鮮奶只需要½杯。

大廚秘訣 杯子蛋糕的紙杯模比馬芬烤模方便得多，事後不需清理，也不用再多準備包裝紙（除非巧克力豆加太多）。

每份（1顆馬芬）含**熱量**126卡．**脂肪**3克．**鈉**300毫克．**碳水化合物**22克．**纖維**0克．**蛋白質**5克
搭配佐料的營養標示請參考附錄A。

香蕉米馬芬

偷偷說個小秘密,這次的麵糊幾乎和「香蕉米薄餅」(72頁)一模一樣,只不過馬芬比薄餅更適合帶著走。加了白飯的麵糊讓馬芬嘗起來輕盈濕潤,即使不像一般麵粉那麼膨脹,味道卻絲毫不遜色。

預煮 煮熟白飯2杯
蛋2顆
香蕉1根
紅糖2湯匙
在來米粉或馬鈴薯粉1湯匙
鮮奶¼–½杯(見大廚提點)
鹽1撮

自由搭配佐料
香草精或杏仁精1茶匙
肉桂粉和肉豆蔻粉各1茶匙

❶ 烤箱預熱至325度,取一馬芬烤模,稍微刷點油或黃油。

❷ 將白飯、蛋、香蕉、紅糖和在來米粉放進攪拌器,快速攪勻,加進牛奶打成麵糊。

❸ 取烤模,麵糊倒五分滿,烘烤15-20分鐘,直到中間定型(拿牙籤戳看看),麵糊並不會膨脹太多。

完全放涼,拿刀子輕輕刮出馬芬。需放冰箱冷藏,一次大約可做10顆馬芬。

大廚提點 牛奶的量視香蕉分量和白飯濕潤度而定。如果麵糊不小心做得太稀,先靜置5分鐘,讓白飯吸收多餘的水分。

每份(1顆馬芬)含**熱量**77卡・**脂肪**1克・**鈉**36毫克・**碳水化合物**15克・**纖維**1克・**蛋白質**2克

糙米馬芬

白飯烹煮時間短,血糖指數較高,所以我們的食譜大部分都使用白飯。如果你想要帶營養一點的點心上路,可以試試糙米。

預煮 煮熟糙米2杯

蛋3顆

蘋果醬½杯

黑糖蜜2湯匙

在來米粉或馬鈴薯粉1湯匙

鮮奶¼–½杯(見大廚提點)

鹽1撮

自由搭配佐料

香草精或杏仁精1茶匙

肉桂粉和肉豆蔻粉各1茶匙

❶ 烤箱預熱至325度,取一馬芬烤模,稍微刷點油。

❷ 所有食材放進攪拌器攪成麵糊,取烤模倒¾滿。

❸ 烘烤15分鐘,直到中間定型(拿牙籤戳看看),麵糊並不會膨脹太多。

完全放涼,包好之後就可以帶出門當補給點心,一次大約可做10顆馬芬。

大廚提點 鮮奶不要一次倒太快,先倒¼杯,其他再慢慢加進去。糙米飯如果事先冷藏過,水分會比較不足,可能需要更多牛奶。

每份(1顆馬芬)含**熱量**248卡 · **脂肪**3克 · **鈉**52毫克 · **碳水化合物**49克 · **纖維**2克 · **蛋白質**25克

如果你沒有時間自己做鬆餅（或是你沒有鬆餅機），使用任何純天然的高品質冷凍鬆餅也可以。★

鬆餅三明治

吃三明治總是搞得很狼狽嗎？鬆餅三明治可以幫你解決這個困擾。不論塗花生醬、巧克力醬還是果醬，保證可以乖乖待在鬆餅的格子裡不亂跑，騎車時塞在衣服口袋裡也不怕弄髒。如果你選擇白米飯，鮮奶就得多加一點，麵糊濃度才夠。

預煮 煮熟白飯或糙米飯2杯
蛋3顆，稍微打散
香蕉1根
黑糖蜜2湯匙
在來米粉或馬鈴薯粉1湯匙
鮮奶½–1杯（見大廚提點）
鹽1撮

餡料（任選，共2湯匙）
奶油乳酪
花生醬、杏仁醬或Nutella巧克力醬
果醬

❶ 預熱鬆餅機。

❷ 所有食材放入攪拌器攪勻，倒入牛奶拌成濃稠麵糊狀。

❸ 麵糊倒入鬆餅機，不要全部倒滿（留點空間讓麵糊膨脹）。待鬆餅表面烤至酥脆，拿叉子輕輕取出鬆餅。

❹ 讓鬆餅放涼，同時繼續烤其他鬆餅。

❺ 所有鬆餅放涼後，塗上你愛吃的果醬和奶油乳酪，也可以塗一些堅果醬。切成方形或三角形，打包上路。

如果沒有要馬上吃，請拿烘焙紙或食品包裝紙將鬆餅分塊包好，裝進塑膠夾鏈袋，冰入冰箱。等到要吃的時候，放進土司機就可以迅速加熱，放涼後再塗醬料。

大廚提點 這種麵糊會比米麵糊稍薄。

大廚秘訣 前面的馬芬和薄餅食譜都可以換成這套做法。照片是糙米鬆餅。

每份含**熱量**346卡 · **脂肪**5克 · **鈉**153毫克 · **碳水化合物**61克 · **纖維**1克 · **蛋白質**11克

★★★

大量證據顯示，運動後黃金30分鐘進食是肌肉儲存肝醣、加速復原的關鍵。正因如此，包裝食品和蛋白質飲品才會如雨後春筍般上市，紛紛聲稱產品能有效恢復體能。其實，吃現煮食物也有一樣效果，成效可能還更佳。

本書的「運動補給」單元主打營養價值高、烹調時間短的料理。譬如「補給輕食」段落的沙拉隨便揮兩下就能完成，短程結束後可立刻補充，計畫增重的人也可以吃。「豐盛補給」單元內的料理則適合在戶外騎了一整天的人，培根玉米天使麵和雞絲炒飯能好好滿足疲累一天的身心。

「大補鍋」單元是專門為慢燉鍋設計的食譜。儘管準備時間較長，燉肉料理一旦迅速加熱，就能搭配義大利麵或米飯一起享用，營養又美味。

發揮物盡其用的精神，昨夜剩下的晚餐可以搖身一變，做成今日訓練的補給點心。

運動補給APRÈS

MENU

甜菜根是非常好的食物，富含維他命和礦物質，無論生吃、煮熟或榨果汁都對人體十分有益。而且近來有研究指出，甜菜根可以提升肌肉的運動功率。 ★

甜菜根果汁

我們想要提升運動員的飲食營養密度，但又不能把他們餵太飽，於是我們打起了蔬果汁。甜菜根汁常被拿來治一些小病症，譬如貧血和便祕。為了完整攝取甜菜根的養分，建議把榨完汁的果肉拌點紅醬加進料理，或是做成一道蔬食漢堡（第213頁）。

中顆甜菜3顆，去皮
蘋果1顆，去核
中型胡蘿蔔4條，去皮

自由搭配佐料
新鮮鳳梨¼顆
切碎的羽衣甘藍1杯
新鮮荷蘭芹壓實½杯
切碎的芹菜1杯

❶ 參閱你家果汁機的使用說明，將蔬菜切成適當的大小，丟進果汁機打成汁。

大廚秘訣 去皮的蔬菜苦味較淡，果汁機也更容易打散。

每份含**熱量**151卡・**脂肪**1克・**鈉**146毫克・**碳水化合物**36克・**纖維**1克・**蛋白質**4克
搭配佐料的營養標示請參考附錄A。

鮮果糯米飯

長時間訓練結束後，這道快速烹調的料理可以迅速補充流失的體力。許多我們合作過的運動員也喜歡把它當成輕食點心。米的種類可以任選，不過我們特別推薦糯米，糯米顆粒小、黏性強。糯米很容易買到，是一種黏性高的短梗米。

預煮 煮熟米飯3杯
原味優格1杯
香蕉1-2根，切片
蜂蜜或楓糖漿2湯匙
現榨檸檬汁或柳橙汁

自由搭配佐料
堅果油脂2湯匙（拌入優格）

❶ 深煎鍋開中大火，加入熟飯和一杓水。
❷ 將飯分兩分裝盤，先加優格和香蕉片，再淋上蜂蜜和果汁。撒點鹽可增加風味。

大廚秘訣 如果手邊有完全熟透的香蕉，可將所有配料放進攪拌機，再加入1杯熟飯和1杯鮮奶，攪拌後新鮮冰涼的奶昔就完成了。

每份含有**熱量**448卡・**脂肪**5克・**鈉**252毫克・**碳水化合物**104克・**纖維**4克・**蛋白質**10克
搭配佐料的營養標示請參考附錄A。

這道料理加上水波蛋、莫札瑞拉起司或羊奶起司一起吃，保證絕配。 ★

烤鄉村麵包佐番茄

我從小吃番茄裹粗糖吃到大，現在長時間運動結束後，我最喜歡先來一片番茄烤吐司墊墊胃，好讓我有時間準備正餐。

鄉村麵包4片
番茄2顆，切厚片
粗糖約2湯匙
新鮮薄荷葉1小把
橄欖油½湯匙
鹽

❶ 將麵包烤酥。

❷ 烤麵包的同時，取一碗放番茄切片，均勻撒上粗糖，量不必太多。

將番茄擺在麵包上，放薄荷葉，淋上橄欖油，最後撒少許鹽。

每份含**熱量**252卡・**脂肪**6克・**鈉**433毫克・**碳水化合物**90克・**纖維**5克・**蛋白質**7克

青菜迅速下水燙熟，可以保持
原本翠綠的顏色。青豆和蔬菜
燙熟後可在水槽沖水冷卻，記
得在底部加道濾網。 ★

義式春豆香草烤香蒜麵包

我們把傳統義式烤香蒜麵包做了一點變化，改用豌豆、新鮮香草料、菠菜和青醬，讓你一年四季都能嘗到春天嫩綠的口感。

新鮮法國麵包1條，切厚片
橄欖油或牛油

抹醬
青豆1杯，新鮮或冷凍皆可
菠菜或其他蔬菜1杯，不必往下壓密
荷蘭芹、羅勒或百里香½杯，切碎
現成青醬1湯匙

帕瑪森起司粉
現榨檸檬汁

❶ 麵包兩面刷橄欖油或牛油，送進烤箱，兩面各烤2-3分鐘。

❷ 抹醬作法：取一鍋開中火把水煮沸，加1茶匙鹽，將豌豆、菠菜和荷蘭芹下水燙1分鐘，顏色轉淡之後立刻撈起，放入冰水冰鎮，瀝乾。

❸ 將燙熟的蔬菜放進食物調理機，加進青醬（或者橄欖油和起司粉各1湯匙），將蔬菜打成濃稠的抹醬，加點鹽和胡椒調味。

豪邁地塗上厚厚的抹醬，佐以帕瑪森起司粉，擠幾滴檸檬汁再上桌。

大廚秘訣 手邊如果沒有青醬，可以改用橄欖油和帕瑪森起司粉各1湯匙。

每份含**熱量**125卡・**脂肪**5克・**鈉**345毫克・**碳水化合物**16克・**纖維**3克・**蛋白質**5克

蘋果沙拉烤麵包

這道沙拉的作法相當簡單，食材也沒有季節限制。如果你打算在運動後享用，可以事先將食材（蘋果除外）準備好，回家切一切馬上可以上桌。你甚至可以先把麵包烤好，放涼後麵包的酥脆口感和清脆的蘋果十分對味。

鄉村麵包8片
蘋果2-3顆，去核，切成一口大小（約2杯）
青椒或紅椒1顆，切成一口大小
小黃瓜½條，切成一口大小
切碎的新鮮荷蘭芹¼杯，

沙拉醬
橄欖油2湯匙
紅酒醋或白酒醋2湯匙
紅糖1茶匙
青辣椒¼條，剁碎（可加可不加）

羊奶起司¼杯，弄碎（鹽漬瑞可達起司也可）

① 麵包兩面刷橄欖油，送進烤箱，兩面各烤2-3分鐘。

② 取一中碗，將蘋果、甜椒、小黃瓜和荷蘭芹拌勻。

③ 沙拉醬作法：取一小碗倒入橄欖油、紅酒醋和紅糖攪拌均勻，接著加進青辣椒和鹽巴調味。

④ 沙拉淋上醬汁，拌勻。

沙拉擺在麵包上，綴以起司碎塊。

大廚提點 鹽漬瑞可達起司是一種羊奶乾酪，價格便宜。

每份含**熱量**398卡・**脂肪**12克・**鈉**612毫克・**碳水化合物**64克・**纖維**6克・**蛋白質**11克
搭配佐料的營養標示請參考附錄A。

可以加進菠菜葉和胡
蘿蔔薄片，換點新口
味嘗鮮，或者煮一盤
烤雞肉義大利麵，一
道晚餐就完成了。★

烤麵包丁沙拉佐水波蛋

這道美味又省時的沙拉使用現烤麵包丁，外皮酥脆，內裡嚼勁十足，大勝市售的現成麵包丁，為沙拉添增美妙豐富的口感。麵包種類不限，無麩質麵包也可。

烤麵包丁
麵包2-4片
橄欖油2湯匙
帕瑪森起司粉

蛋2顆
醋
沙拉用生菜2杯

沙拉醬
橄欖油2湯匙
檸檬½顆，榨成汁
鹽和胡椒

❶ 烤箱預熱至350度。

❷ 烤麵包丁作法：麵包切成一口大小，裝進碗裡，淋上橄欖油，攪拌均勻使每一塊麵包都裹上橄欖油，再撒起司粉、鹽和胡椒。將麵包塊移到烤盤紙，大約烤10分鐘，直到呈淡黃色，取出置於一旁備用。

❸ 烤麵包丁的同時，一面做水波蛋。鍋子盛水加一點醋，中火煮沸。將蛋分別打進杯子裡，緩緩滑入水中，大約煮4-5分鐘，取濾勺或刮鏟將蛋撈起。

❹ 沙拉醬作法：取一小碗，將橄欖油和檸檬汁拌勻，加鹽和胡椒調味。

取一大碗放生菜和烤麵包丁，淋上醬汁。分裝兩盤，放上水波蛋，喜歡的話可以多撒一點起司粉。

每份含**熱量**312卡．**脂肪**21克．**鈉**489毫克．**碳水化合物**21克．**纖維**4克．**蛋白質**13克

尼斯沙拉義大利麵

傳統的尼斯沙拉使用清脆萵苣、四季豆、水煮蛋、鮪魚佐以檸香蒜味蛋黃醬。我們選擇經濟實惠的罐裝鮪魚，不但可以補充蛋白質，還可以省下寶貴的時間。

蘿蔓萵苣或其他沙拉生菜2杯
預煮 煮熟義大利麵1杯（如螺旋麵）
鮪魚罐頭1個（145克），瀝乾剝成小塊
四季豆225克，生的或稍微蒸熟

沙拉醬
蛋黃2顆，越新鮮越佳（見大廚提點）
蒜末1茶匙
粗粒黃芥末醬1湯匙
白醋1湯匙
橄欖油2湯匙
檸檬½顆，榨成汁

預煮 水煮蛋2顆，切片

❶ 取一個大碗裝萵苣或生菜沙拉、義大利麵和鮪魚。

❷ 蒸四季豆作法：深煎鍋倒半杯水，放入四季豆，開中火蒸到水幾乎收乾，豆子變鮮綠色即可。放進沙拉碗。

❸ 沙拉醬作法：將新鮮蛋黃、蒜末、黃芥末醬和白醋放進攪拌器，開慢速攪勻後，不要關掉機器，小心倒入橄欖油和檸檬汁。如果想要做稀一點的醬汁，橄欖油就多加一點。加鹽和胡椒調味。

❹ 沙拉淋上醬汁，擺水煮蛋切片，輕輕攪拌。

沙拉撒上帕瑪森起司粉，佐以現烤酥脆麵包，即可上菜。

大廚提點 這道沙拉醬用的是生蛋黃，孕婦或哺乳媽媽請改用2湯匙的美乃滋。

每份含**熱量**416卡・**脂肪**25克・**鈉**844毫克・**碳水化合物**18克・**纖維**3克・**蛋白質**29克

烤甜菜根沙拉

希望你已經了解甜菜根是很好的食物，很值得列入日常料理。如果手邊沒有烤好的甜菜根，不必急著送進烤箱，微波一下或直接用甜菜根罐頭即可。甜菜根罐頭請找品質最好、鈉含量最低的，開罐後瀝乾立即使用。

橄欖油2湯匙
第戎芥末醬1湯匙
檸檬½顆，榨成汁
預煮 煮熟甜菜根1杯，切粗塊
新鮮菠菜葉或其他深色蔬菜1杯

自由搭配佐料
口袋麵包
帕瑪森起司粉或羊奶起司碎塊
水波蛋

❶ 取一個上菜用的碗，將橄欖油、芥末醬和檸檬汁拌勻，輕輕拌入甜菜根和菠菜。

加鹽和胡椒提味，喜歡的話也可以撒點帕瑪森起司粉或羊奶起司塊。

大廚秘訣 用深煎鍋加熱甜菜根，菠菜稍微煮軟（不要煮太久免得顏色變暗），一道溫熱沙拉即可上桌。

每份含**熱量**167卡・**脂肪**14克・**鈉**366毫克・**碳水化合物**9克・**纖維**2克・**蛋白質**2克
搭配佐料的營養標示請參考附錄A。

方便歸方便，再優質的豆子
罐頭鈉含量都非常高，購買
前務必比較各品牌的營養標
示，買回家後徹底洗淨瀝乾
再使用。★

眉豆沙拉

烤眉豆沙拉作法十分容易又百搭,手邊任何沒吃完的麵包都可以放進來,堪稱懶人沙拉。眉豆也可以換成你喜歡的豆類,我個人推薦義大利白豆、大北豆或白鳳豆。你也可以嘗試烤培根或義式培根切片,讓沙拉美味更上一層樓!

預煮 煮熟眉豆1杯
大根胡蘿蔔1根,剁碎
新鮮荷蘭芹1小把,切碎(約¼杯)
大蒜1瓣,切蒜末
小洋蔥½顆或青蔥½條,剁碎
檸檬1顆
橄欖油2湯匙,另外準備抹麵包的量
鄉村麵包3-6片(一人1-2片)
散葉苦味生菜2杯(菊苣、芥菜、防風草根或甜菜根),切成一口大小
紅辣椒片½茶匙
帕瑪森起司粉6湯匙

❶ 取小碗裝豆子、蘿蔔末、荷蘭芹末、蒜末、洋蔥末、半顆檸檬汁和橄欖油,置於一旁備用。

❷ 麵包兩面刷橄欖油,送進烤箱或乾煎,直到兩面微焦。不要將水分全部烤乾。

❸ 將沙拉拌入剩下的檸檬汁、辣椒片和鹽巴提味。

舀一匙眉豆沙拉,擺在烤好的麵包上。綴以苦味生菜,再撒上帕瑪森起司粉,最後淋一點橄欖油,漂亮收尾。

每份含**熱量**459卡・**脂肪**15克・**鈉**719毫克・**碳水化合物**64克・**纖維**7克・**蛋白質**18克

雞肉塔可餅

稍微烤熱的玉米餅配上辣味雞肉和冰涼莎莎醬，口感鮮明豐富，還能嘗到一絲鹹味和柑橘清香，這道雞肉塔可餅簡直是運動補給聖品，可以大大滿足你的味蕾，同時補充能量。事先將雞肉料理好可以省下不少時間。

預煮 煮熟米飯1杯

去皮去骨雞肉450克，切小塊（見大廚提點）
洋蔥1顆，切絲
味道較淡的青辣椒2條，切絲
辣椒粉或／和小茴香粉½茶匙
新鮮萊姆汁
墨西哥玉米餅皮4-6張
炭烤莎莎醬（283頁）
辣味高麗菜沙拉（281頁）

❶ 白飯撒一點水，倒進深煎鍋開中火加熱，完成後置於一旁備用。

❷ 深煎鍋加少許油開中火，下雞肉、洋蔥和青辣椒翻炒，喜歡吃辣的可以撒辣椒粉，炒到雞肉全熟，洋蔥變軟轉褐色，大約10-15分鐘。

❸ 加萊姆汁和鹽提味。

❹ 餅皮送進烤箱，或在鍋上煎熱，大約3-5分鐘即可。

餅皮擺上白飯、雞肉和莎莎醬。

大廚提點 雞腿肉的脂肪較高，口味較重，適合夏天激烈運動後吃。其他時間推薦吃雞胸肉。

大廚秘訣 不必一定要用炭烤莎莎醬，現成的也可以，省時又方便。不過要是想讓朋友驚豔一下，炭烤莎莎醬就是你的絕佳秘密武器。

每份含**熱量**274卡 · **脂肪**2克 · **鈉**244毫克 · **碳水化合物**24克 · **纖維**1克 · **蛋白質**36克

塔可餅包好最多可以冰三天，嘴饞的時候微
波一下可以立刻止飢，到時候你就會感謝自
己事先下功夫做這道料理了。 ★

★ 推薦使用墨西哥莎莎醬，保證好吃（284頁）。

火雞肉塔可餅

火雞肉的脂肪比牛肉少很多，很適合做塔可餅的餡料。使用我們食譜的塔可調味粉（289頁），或其他現成的調味料，記得盡量買天然食品，不含奇怪的添加物。如果今天特別餓，可以多煮一鍋飯，把塔可餅塞得滿滿。

預煮 煮熟米飯2杯
火雞絞肉450克
洋蔥1顆，切碎
塔可調味粉或墨西哥香料粉1-2湯匙
低鹽醬油1湯匙
番茄或小黃瓜¼杯
新鮮墨西哥辣椒1條，切碎
香菜1小把，切碎
墨西哥玉米餅皮12張
莎莎醬或墨西哥莎莎醬1杯

自由搭配佐料
起司粉
原味優格

❶ 白飯撒一點水，倒進深煎鍋開中火加熱，完成後置於一旁備用。

❷ 深煎鍋倒一點油，讓油平均沾附鍋底，加火雞肉和洋蔥拌炒，約8-10分鐘，呈褐色即可。

❸ 加一點調味粉、醬油、新鮮番茄或小黃瓜和辣椒，從爐上移開。撒上香菜、鹽和胡椒提味。

❹ 玉米餅乾煎加熱，一次一張，每一面煎1-2分鐘。接著烤箱調至375度，送進去烤架烤5分鐘。

餅皮鋪平，先擺白飯，再放火雞肉和莎莎醬。依個人喜好撒點起司粉，淋上優格。

每份含**熱量**457卡 · **脂肪**5克 · **鈉**1036毫克 · **碳水化合物**71克 · **纖維**6克 · **蛋白質**34克
搭配佐料的營養標示請參考附錄A。

火腿起司墨西哥捲餅

這分捲餅食譜以白飯或馬鈴薯為底，做幾分冰進冰箱，可以當成平常點心或運動完的補給餐，放進口袋帶著走也很方便。捲餅廣受世界各地運動員的喜愛，餡料作法五花八門，你一定能找到喜歡的口味。

預煮 煮熟米飯或切丁馬鈴薯3杯
火腿丁1杯
切達起司刨絲1杯
現成莎莎醬½杯
預煮 煮熟豆類1杯
炒蛋4顆（可加可不加）
大張（25公分）全麥墨西哥餅皮6張

❶ 將餅皮以外的食材全部攪勻，加鹽和胡椒提味。如果想加炒蛋，開中火把蛋炒熟即可。

❷ 取一乾鍋，開中火加熱餅皮，一次一張，一面1-2分鐘。一張餅皮包一杯餡料的量，小心捲緊，記得先將短的兩邊塞進去。

趁熱大快朵頤，或者包好冰進冰箱，留待以後享用。

大廚提點 這道捲餅也可以做成速成料理。先將起司和餅皮以外的食材準備好，屆時只要加熱起司和餅皮，就能立刻開動。

大廚秘訣 冷凍餅皮的加熱方式，就是微波一分半至兩分鐘。

每份（1分捲餅）含**熱量**445卡·**脂肪**13克·**鈉**688毫克·**碳水化合物**64克·**纖維**4克·**蛋白質**18克
搭配佐料的營養標示請參考附錄A。

蜂蜜薑末雞肉捲餅

這道捲餅食譜步驟簡單，準備時間短，食材又容易取得，很適合出門時在旅館自己動手做。你可以事先在家裡將蜂蜜、薑末和橄欖油拌勻，裝進密封罐子帶著走。

預煮 煮熟米飯2杯
預煮 煮熟雞肉2杯，切絲
蜂蜜2湯匙
現磨薑末2茶匙
橄欖油1湯匙
檸檬½顆榨汁，或醋少許

自由搭配佐料
新鮮蔬菜一小把
辣椒或蒜頭，剁碎
紅辣椒片
櫻桃蘿蔔

大張（25公分）全麥墨西哥餅皮6張

❶ 飯煮好之後加一點水，放進深煎鍋開中火加熱，起鍋備用。

❷ 將所有食材（包括其他佐料）攪拌均勻，靜置1分鐘，讓雞肉吸收調味料，可加鹽和胡椒提味。

❸ 取一乾鍋，開中火加熱餅皮，一次一張，一面1-2分鐘。一張餅皮包一杯餡料的量，小心捲緊，記得先將短的兩邊塞進去。

大廚秘訣 使用烤雞肉或煎雞肉，配白飯很對味。

每份含**熱量**500卡·**脂肪**15克·**鈉**228毫克·**碳水化合物**19克·**纖維**0克·**蛋白質**71克
搭配佐料的營養標示請參考附錄A。

培根玉米天使麵

天使麵分量輕盈，風味十足，而且冷熱皆宜，配上新鮮生玉米粒更添清爽口感。通常我們會在前一天先做好，冰進冰箱，隔天訓練或比賽結束即可立即食用，迅速補充體力。

天使麵225克
培根225克，切碎
生的甜玉米2根
番茄1顆，切丁
新鮮羅勒葉¼杯，切細絲
橄欖油1又½湯匙

❶ 煮一大鍋沸水，下天使麵煮6-8分鐘，麵條稍硬帶有嚼勁。

❷ 等待麵條煮熟的同時，深煎鍋開中火煎培根，煎到酥脆即可起鍋，用廚房紙巾吸掉多餘的油脂。

❸ 拿刀子小心削下玉米粒。

❹ 天使麵瀝乾水分，取一大碗裝麵條、培根和玉米。加入番茄丁、羅勒葉和橄欖油，撒鹽和胡椒調味，所有食材攪拌均勻。

最後磨一點帕瑪森起司粉，佐以少許新鮮檸檬汁。

大廚秘訣 想吸收更多蛋白質，可以把培根換成烤雞或蛋類料理。

每份含**熱量**679卡·**脂肪**20克·**鈉**969毫克·**碳水化合物**108克·**纖維**7克·**蛋白質**23克

雞絲炒飯

亞倫國小三年級的時候，做了這道炒飯帶到課堂上展示。現在遇到訓練營和賽程，他也會準備這道炒飯給車手吃。有時他在巨石市的家突然有客人來訪，亞倫也會挽起袖子炒飯招待。2010年環法賽，名將阿姆斯壯最愛的賽後大餐就是亞倫的雞絲炒飯。

蒜末1湯匙（約2瓣）
蔥2-3根，切細末
蛋3顆
低鹽醬油2湯匙
預煮 煮熟米飯2杯
預煮 煮熟無骨雞腿肉1杯（2-3塊肉）
冷凍青豆仁和玉米粒1杯

自由搭配佐料
Sriracha辣椒醬
芝麻油

❶ 深煎鍋加些許油，開中火，加入蒜末和蔥末拌炒1分鐘。

❷ 取一個小碗打蛋，加醬油打勻，倒進熱好的鍋子，鍋子的熱度會讓雞蛋膨起，快速翻炒。

❸ 加進白飯和煮熟的雞腿肉，翻炒5-6分鐘。

❹ 加進青豆玉米，炒到蔬菜完全熱透，顏色變得鮮明為止。

加鹽巴、Sriracha辣椒醬、醬油和芝麻調味。

每份含**熱量**605卡・**脂肪**17克・**鈉**727毫克・**碳水化合物**68克・**纖維**4克・**蛋白質**39克
搭配佐料的營養標示請參考附錄A。

傳統的雞絲炒飯會使用芝麻油和青蔥，比較偏亞洲人口味。青蔥的味道比洋蔥稍淡。 ★

義大利麵沙拉佐橄欖甜菜根

青菜川燙之後營養也會跟著流失，因此我們先把甜菜根送進微波爐，再迅速嫩煎一下，保留原本的風味和甜度。

橄欖油2湯匙

預煮 煮熟甜菜根3杯（約450克）

預煮 煮熟筆管麵或通心麵4杯

去核黑橄欖切碎½杯

粗粒黃芥末醬1湯匙

新鮮荷蘭芹切碎¼杯

檸檬1顆，榨汁

帕瑪森起司粉（可加可不加）

❶ 深煎鍋加一點油，開中火，放進甜菜根嫩煎，不時翻動，煎到表面稍微有點酥脆，大約5分鐘。

❷ 取一個碗裝煮好的義大利麵、甜菜根和其他食材，攪拌均勻。

撒鹽、胡椒和帕瑪森起司粉提味。

每份含**熱量**607卡 · **脂肪**16克 · **鈉**551毫克 · **碳水化合物**112克 · **纖維**13克 · **蛋白質**10克

麵包丁沙拉

白飯和義大利麵吃得盡興了嗎？想換個口味，麵包丁沙拉就是你的首選。硬掉的麵包搖身一變，成了經濟實惠又美味的運動補給品。隨著四季變化，你也可以為沙拉準備不同的佐料。春天適合新鮮香草料、豆芽菜和水煮蛋；夏天換成甜玉米和羅勒；秋天備妥焦糖洋蔥（取代生洋蔥）和烤甜菜根；冬天大啖鮭魚、百里香和培根。

麵包丁4杯（一口大小）
橄欖油4湯匙
番茄1顆，切丁
小洋蔥¼顆，切薄片
紅酒醋或巴薩米克醋1茶匙
帕瑪森起司粉2湯匙

自由搭配佐料
上述的季節性佐料

1. 如果麵包放太久乾掉變硬，先撒點水，靜置幾分鐘讓麵包吸收，再擠掉多餘的水分。
2. 麵包丁放進鍋裡煎熱，或是鋪烤盤紙送進烤箱加熱。
3. 取一大碗混勻所有食材，加鹽、胡椒和帕瑪森起司粉調味。

大廚提點 焦糖洋蔥作法（秋季佐料）：鍋裡加½杯水和¼杯紅糖，洋蔥炒到呈金黃色。

大廚秘訣 如果麵包過乾，用多一點橄欖油和番茄丁的水分浸濕麵包。

每份含**熱量**663卡 · **脂肪**34克 · **鈉**856毫克 · **碳水化合物**75克 · **纖維**11克 · **蛋白質**21克

嫩煎鮪魚義大利麵佐深色花椰菜

這道豐盛補給怎麼煮都好吃，而且營養滿點。運動完餓昏了頭，隨手抓個鮪魚罐頭和冷凍花椰菜，就可以迅速填飽肚子。如果時間比較充裕，請改用黃鰭鮪魚排和新鮮花椰菜。主食的部分可以試試雞蛋麵，和任何一種配料都很搭。

黃鰭鮪魚排225克
橄欖油1湯匙
深色花椰菜2杯，切成一口大小
蒜末1茶匙
小洋蔥½顆，切丁
低鹽醬油1湯匙
預煮 煮熟義大利麵4杯
紅辣椒片（可加可不加）

❶ 鮪魚兩面抹一點鹽和胡椒，深煎鍋倒少許油開大火，表面煎熟、裡面魚肉幾乎變白色，即可關火。稍微放涼之後切片。（使用鮪魚罐頭或青豆的人，直接跳下一步驟。）

❷ 將花椰菜、蒜末和洋蔥下鍋，開大火煎3-5分鐘，直到花椰菜變鮮綠色。

❸ 加入鮪魚和醬油，輕輕翻動攪勻，完畢後關火，加入煮好的義大利麵拌勻。

可用紅辣椒片或黑胡椒粉調味。

大廚秘訣 手邊如果沒有黃鰭鮪魚，可以換成145克的長鰭鮪魚罐頭或熟青豆1杯。

每份含**熱量**665卡・**脂肪**13克・**鈉**672毫克・**碳水化合物**88克・**纖維**7克・**蛋白質**48克

雞肉義大利麵沙拉

平常先把義大利麵煮好分裝，冰進冰箱，需要的時候就可以很快變出一份沙拉。無麩質義大利麵的碳水化合物含量較低，記得檢查一下營養標示，確保自己攝取充足的量。

預煮 煮熟彎管麵2杯
預煮 煮熟雞肉切丁½杯
櫻桃番茄切對半½杯，或番茄切丁½杯
新鮮荷蘭芹切碎1把，
橄欖油2湯匙
檸檬½顆，榨汁
綜合沙拉生菜2杯
帕瑪森起司粉

自由搭配佐料
葡萄乾¼杯
烤堅果¼杯（核桃、胡桃或杏仁）

❶ 生菜沙拉以外的食材全部裝進大碗，加鹽和胡椒調味，再放進生菜和其他搭配的佐料拌勻。

最後撒上帕瑪森起司粉和現磨的粗鹽和胡椒粒提味。

每份含**熱量**441卡 · **脂肪**17克 · **鈉**678毫克 · **碳水化合物**50克 · **纖維**5克 · **蛋白質**24克
搭配佐料的營養標示請參考附錄A。

菠菜含高纖維，但要視情況調整分量，長途訓練的日子最好不要吃，等到休息日再大吃青菜蔬果。 ★

羅勒米粒麵沙拉

我們喜歡事先把米粒麵煮好，放進冰箱以備不時之需。米粒麵粒粒分明，烹調時間短，又很容易和其他體積小的配料混勻，譬如這分食譜就有使用腰果和葡萄乾。

<table>
<tr><td>預煮</td><td>煮熟米粒麵3杯</td></tr>
<tr><td>預煮</td><td>煮熟白腰豆½杯，瀝乾</td></tr>
<tr><td></td><td>腰果或松子¼杯</td></tr>
<tr><td></td><td>葡萄乾¼杯</td></tr>
<tr><td></td><td>橄欖油2湯匙</td></tr>
<tr><td></td><td>完整羅勒葉4-5片</td></tr>
</table>

自由搭配佐料
（任選，分量皆¼杯）
新鮮菠菜葉
費達起司，弄碎
原味優格
胡蘿蔔、蘋果或甜椒，切小塊

❶ 所有食材包括搭配的佐料一起裝進大碗攪勻，以鹽和鮮榨檸檬汁調味。

每份含**熱量**251卡・**脂肪**12克・**鈉**190毫克・**碳水化合物**63克・**纖維**3克・**蛋白質**12克
搭配佐料的營養標示請參考附錄A。

藍紋起司佐核桃義大利麵沙拉

如果事先煮好寬麵放涼，這道沙拉就能在五分鐘以內搞定。有時間多做一分烤雞肉或烤時蔬的話，今晚的主菜就可以上桌了。

橄欖油2湯匙
核桃¼杯，切碎
新鮮荷蘭芹切碎2湯匙
粗粒黃芥末醬 1湯匙
藍紋起司弄碎1湯匙
預煮 煮熟義大利寬麵3杯
綜合嫩生菜葉2杯
現榨檸檬汁

自由搭配佐料
烤雞肉
烤時蔬
新鮮羅勒

❶ 取一大碗，放入橄欖油、核桃、荷蘭芹、芥末醬和藍紋起司。扮入放涼的寬麵，其他搭配佐料也一併放進去。

上桌前放生菜葉點綴，加點檸檬汁和鹽巴調味。

大廚秘訣 核桃烤過之後風味更佳，只需要短短幾分鐘就能完成。你可以用小鍋子乾煎，或是送進350度的烤箱，小心別烤焦。

每份含**熱量**660卡 · **脂肪**28克 · **鈉**503毫克 · **碳水化合物**89克 · **纖維**6克 · **蛋白質**20克
搭配佐料的營養標示請參考附錄A。

橙汁雞肉

橙汁為這道料理增添一絲可口的甜味，這種帶有甜味的醬汁最好在運動後吃，不要留到晚餐。雖然橙汁需要花幾分鐘處理，不過我們的橙汁雞肉比外面的做法簡單得多。

蓬萊米或其他中等晶粒米2杯
水1又½杯
去皮無骨雞肉450克，切成一口大小
在來米粉1杯
紫色高麗菜½杯
紅洋蔥¼杯，切薄片
墨西哥辣椒1根，切細絲

橙汁
橘子醬¼杯
醬油1湯匙
辣椒醬1茶匙（依個人口味增減）

① 生米加水放進電鍋煮。
② 煮飯的同時，取一碗或夾鍊袋裝在來米粉，把雞肉放進去裹粉。
③ 深煎鍋加少許油，開中火嫩煎雞肉，煎到雞肉呈金黃色，約5分鐘。
④ 加入高麗菜、洋蔥和辣椒，拌炒到蔬菜變軟，約3-5分鐘，完成後從爐上移開。
⑤ 醬汁作法：取一小碗放橘子醬、醬油和辣椒醬，攪拌均勻。

雞肉和蔬菜擺盤，淋上醬汁，稍微拌勻。加鹽和胡椒提味，盛飯上桌。

每份含**熱量**707卡・**脂肪**17克・**鈉**378毫克・**碳水化合物**107克・**纖維**7克・**蛋白質**32克

西班牙番茄燉雞肉

運動前準備一道簡單的燉肉，回家立刻就可以開飯。我們使用去皮無骨的雞肉，你也可以選擇帶骨雞肉。

橄欖油1湯匙
去皮無骨雞肉450克，切成一口大小
西班牙或義大利臘腸1杯
胡蘿蔔1杯，切小塊
番茄1杯，切丁
洋蔥1顆，切小塊
口味較淡的青辣椒2條，留籽切碎
雞高湯或水2-4杯（見大廚提點）

自由搭配佐料
蘋果醋½杯
紅糖1湯匙
煮熟眉豆1杯，瀝乾

❶ 取一大湯鍋，倒入橄欖油，開中火。熱油的同時，在雞肉撒一點鹽和胡椒。

❷ 臘腸下鍋煎至顏色轉深，加入雞肉煮5-6分鐘，煎至金黃色。

❸ 加入蔬菜和2杯雞高湯（和其他用到的佐料），蓋鍋開大火煮沸，再調成中火燜煮45分鐘。完成後加鹽和胡椒提味。

最後加入罐裝豆子（如果有準備），綴以荷蘭芹，搭配義式玉米餅或米飯，趁熱上桌。

大廚提點 若是使用慢燉鍋，先按照步驟1和2烹調肉類，不過這次不要完全煎熟，只要稍微變色即可。接著將肉類和其他配料全部放進慢燉鍋，多加2杯雞高湯（總共4杯），小火慢熬3-4小時即可。

每份含**熱量**543卡・**脂肪**31克・**鈉**226毫克・**碳水化合物**10克・**纖維**2克・**蛋白質**53克
搭配佐料的營養標示請參考附錄A。

香料無花果嫩煎雞

甜甜的無花果，綴以香氣撲鼻的肉桂、小茴香、肉豆蔻和香菜，將這道燉肉化為一場味覺饗宴，不僅滿足你的味蕾，還能在高強度鍛鍊之後補充體力。這道料理口味豐富，最適合在秋冬時節與寬麵或白飯一起享用。

在來米粉或麵粉½杯

乾香料（見底下說明）

雞腿肉900克，切成一大口大小

低鹽雞高湯或蔬菜高湯2-4杯（見大廚提點）

乾白酒或蘋果醋½杯

洋蔥2顆，切小塊

胡蘿蔔4條，切小塊

大蒜2瓣，剁碎末

無花果乾6-8個，對半縱切

新鮮荷蘭芹½杯，切碎

乾香料

肉桂、小茴香、肉豆蔻和香菜各½茶匙

❶ 取一碗或大的夾鍊袋裝麵粉和乾香料，將雞肉放進去攪拌或搖晃，讓表面沾滿粉。

❷ 大湯鍋倒一層油，開大火。

❸ 雞肉下鍋，表面煎至金黃即可起鍋備用。注意，此時雞肉內部還沒熟透。

❹ 湯鍋加入2杯高湯和½杯乾白酒或醋，把鍋底的麵粉渣刮起來，溶進高湯，再將雞肉放回鍋內，加入洋蔥、胡蘿蔔、蒜末和無花果乾。

❺ 蓋鍋以中火燜煮30-40分鐘，直到雞肉變嫩。

綴以荷蘭芹，榨幾滴新鮮檸檬汁，最後淋上少許橄欖油即可上桌。

大廚提點 若是使用慢燉鍋，先按照步驟1-3烹調肉類，不過這次不要完全煎熟，只要稍微有變色即可。接著將肉類和其他配料全部放進慢燉鍋，多加2杯雞高湯或蔬菜高湯（總共4杯），小火慢熬3-4小時即可。

每份含**熱量**676卡・**脂肪**28克・**鈉**471毫克・**碳水化合物**53克・**纖維**9克・**蛋白質**50克

蔬菜燉牛肉

打完甜菜根果汁之後，果汁機裡總會剩下許多果菜泥，於是我們結合基本款燉肉，變出稍微不一樣的口味。手邊如果沒有果菜泥，可以改用番茄代替，綜合蔬菜切丁或新鮮香草料也很值得一試。

燉肉食材

牛肉塊（譬如牛頸肉）900克，切成一口大小

水1杯

高湯1杯（見大廚提點）

紅酒½杯

低鹽醬油¼杯

蘋果醋¼杯

粗鹽和粗粒黑胡椒各1茶匙

紅糖1湯匙

胡蘿蔔½杯，切小塊

小顆洋蔥½顆，切小塊

菠菜切碎2杯

蔬菜泥1杯（果汁機殘餘）

預煮 煮熟紅腰豆1杯（如果使用豆子罐頭，等料理完成再加入即可。）

1. 烤箱預熱至325度。
2. 將所有燉肉食材放進加蓋的大鍋，送進烤箱烤1小時。
3. 加入所有蔬菜、蔬菜泥和豆子，湯必須蓋過食材，如果不夠就再添加水或高湯。
4. 鍋子再放回烤箱烤1小時，記得試試牛肉是否已經燉軟，可加其他調味料提味。

義式玉米餅、烤麵包和米飯都很適合當燉肉的主食。

大廚提點 若是使用慢燉鍋，水和高湯的分量要改成2杯。首先將燉肉食材下鍋，大火熬1小時，之後加入蔬菜攪拌混勻，添水和高湯蓋過食材，接著蓋鍋小火慢熬4-6小時即可。

大廚秘訣 畢朱最愛用Old Bay調味粉，讓燉肉美味再升級。你也來試試自己喜歡的調味料或香料吧！

每份含**熱量**404卡・**脂肪**17克・**鈉**936毫克・**碳水化合物**12克・**纖維**3克・**蛋白質**44克

眉豆燉雞

在寒風刺骨的日子，出門前為自己燉一鍋雞肉，簡單又美味，冷藏還可以保存一星期。有關食材部分，雞肉不限部位，眉豆則是前一晚先泡水最好吃，當然想用罐頭也沒問題，只要記得等雞肉煮好再加進去即可。

去皮雞肉900克
麵粉¼杯，加鹽和胡椒少許
乾白酒1杯
水3杯
洋蔥2顆，切小塊
乾燥眉豆1杯，前一晚先泡水
綜合蔬菜丁1杯（胡蘿蔔、芹菜和甜椒）
粗鹽1湯匙

1. 烤箱預熱至325度。
2. 取碗或大型夾鍊袋裝麵粉、鹽和胡椒，將雞肉放進去裹粉。
3. 取一可進烤箱的大鍋，倒少許油，開大火將雞肉表面煎成金黃色，此時雞肉尚未全熟。
4. 加入其他食材，送進烤箱烤1小時。
5. 接著繼續烤1小時，或是煮到豆子變軟即可（如果使用豆子罐頭，等上桌前再加即可）。

擺上青醬，撒點帕瑪森起司粉，即可上桌。

每份含**熱量**425卡 · **脂肪**4克 · **鈉**1750毫克 · **碳水化合物**38克 · **纖維**7克 · **蛋白質**39克

鷹嘴豆燉羊肉

這道燉肉口感扎實，最適合在運動後的晚餐或休息日來上一碗。鷹嘴豆須在前一晚先處理，直接使用鷹嘴豆罐頭也無妨。烹調方式可選擇瓦斯爐、慢燉鍋或烤箱，冷藏最多保存一星期。

橄欖油或植物油
羊肉900克，切小塊
洋蔥2顆，切小塊
咖哩粉2-4湯匙（可加可不加）
小罐裝番茄糊（tomato paste）½茶匙
蘋果醋½杯
水3-6杯（見大廚提點）
乾燥鷹嘴豆2杯，前一碗洗淨泡水冷藏
大蒜2瓣，切成蒜末（可加可不加）

❶ 取一個可進烤箱的大鍋，加幾湯匙的油，開大火下羊肉，每一面都煎成深色，再下洋蔥拌炒到變軟。

❷ 拌入咖哩粉、番茄糊、醋和水，蓋過羊肉。加泡過水的鷹嘴豆和蒜末（罐裝豆子等羊肉煮熟變軟再下）。

❸ 攪拌均勻後，開中火燉2小時，或是改用慢燉鍋熬4-5小時。中途記得查看是否需要攪拌或加水，叉子如果可以叉進羊肉，燉肉就完成了。

❹ 加鹽和胡椒提味，現在可以加罐裝豆子了。

切一點青辣椒和香菜點綴，煮一碗飯當主食。

大廚提點 若使用豆子罐頭，水只需要3杯，而且要等羊肉煮好才能下豆子。

每份含**熱量**750卡 · **脂肪**35克 · **鈉**768毫克 · **碳水化合物**36克 · **纖維**10克 · **蛋白質**71克

里肌肉烤完放涼後，
即可裝小袋子冷凍，
要吃的時候再取出想
吃的量，下鍋煎熟。
主食可選擇塔可餅或
白飯，再搭配一盤蔬
菜恰恰好。 ★

鮮果燉里肌

獻上我們最愛的招牌菜，保證不只抓住你的胃，也會抓住你的心！里肌肉跟著熱帶水果一起煮會變得十分軟嫩，容易消化吸收，含有高鈉的香料可以在運動後立即補充流失的鹽分，很適合在騎完車或是休息日享用。

里肌肉1800-2700克
新鮮鳳梨1-2杯
中顆洋蔥2-3顆，去皮切大塊
墨西哥辣椒4條，去籽切段
蘋果和（或）鳳梨汁1-2杯
白酒或淡啤酒1-2杯（見大廚提點）

乾香料
猶太鹽（kosher salt）2杯
甘蔗原糖或紅糖½杯
粗粒黑胡椒¼杯
肉桂粉、辣椒粉、香芹鹽各1湯匙

❶ 烤箱預熱至325度。

❷ 乾香料作法：所有食材裝進碗裡混勻，取½杯備用。（剩下的香料放進櫃子可保存二、三星期，各種肉類料理皆適用。）

❸ 將里肌肉切成3-4大塊，表面裹滿香料。取一個可進烤箱的深鍋，開大火將里肌表面煎熟。

❹ 加入鳳梨、洋蔥和墨西哥辣椒，攪拌均勻。

❺ 加入果汁和酒類，比例一比一，直到完全蓋過食材。蓋上鍋蓋或是以鋁箔紙封緊，送進烤箱烤2小時。

❻ 自烤箱取出，放涼後將里肌肉切小塊，裝袋封存。

用餐前只要將里肌肉煎熟即可上桌，煎的時候不妨切幾片洋蔥一起拌炒。

大廚提點 白酒或啤酒可以改成1又½杯雞高湯或蔬菜高湯，加上½杯醋。

每份含**熱量**532卡．**脂肪**27克．**鈉**58毫克．**碳水化合物**17克．**纖維**1克．**蛋白質**49克
乾香料（½杯）含**熱量**40卡．**脂肪**0克．**鈉**1000毫克．**碳水化合物**12克．**纖維**0克．**蛋白質**0克
營養價值依據1800克里肌肉、1又½杯鳳梨和1杯白酒計算而成。

★★★

晚餐食譜的目的是有益健康、賞心悅目，讓吃飯變成一件快樂的事，因此這分食譜比其他食譜花了更多心力，非常推薦邀請親朋好友共進晚餐。話是這麼說，我們也知道悠閒的晚餐不是天天有，所以我們也設計了「晚餐帶著走」食譜。

「完美晚餐」單元主要是富含營養價值的湯品，和「完美早餐」的甜味碳水化合物是不同的世界。「輕食晚餐」單元以沙拉為主，主菜前後上桌皆宜，控制體重的人可以單吃。「豐盛晚餐」主打蛋白質食物，建議搭配碳水化合物一起享用（參考「基本配料」的米飯、義大利麵、北非小米、藜麥、義式玉米餅或馬鈴薯食譜）

運動員必須特別注意晚餐的分量。我們不建議運動員在訓練前後或途中漏掉任何一餐，所以雖然晚餐食譜特意設計成大分量、高營養的料理，你偶爾還是得踩剎車，控制分量。無論如何，晚餐還是一個值得放鬆心情享受的時刻。

晚餐DINNER

Ⅴ 素食
G 無麩質

MENU

義大利蔬菜湯麵

湯類料理不分季節，做法簡單又好消化，液體狀食物的營養也更容易被身體吸收，這對前進到賽季後半段的選手而言非常關鍵。

洋蔥½顆，切丁
番茄1顆，切小塊
雞高湯或蔬菜高湯4杯
生的小顆義大利麵 115克
切塊蔬菜1杯，包括胡蘿蔔、青豆和玉米（冷凍三蔬也可）
火腿薄片或義大利生火腿60-90公克

❶ 取一大湯鍋加1湯匙橄欖油，開中火熱鍋，下洋蔥炒至出水，約3-5分鐘。
❷ 加入洋蔥和高湯，轉小火煮沸。
❸ 下麵攪拌，不時檢查，煮到半熟時加入三蔬。如果湯不想要太濃，此時可以加一點水或高湯。
❹ 再次以小火煮沸，麵不要煮太軟，關火，加鹽和胡椒提味。

取長柄勺將蔬菜湯麵分裝到碗中，撒上火腿丁，綴以帕瑪森起司粉、新鮮香草料和少許橄欖油，旁邊擺幾片酥脆麵包一起上桌。

大廚秘訣 麵煮到半熟就要關火，免得煮太爛。米粒麵或珍珠麵（acini de pepe）這種小顆義大利麵只要幾分鐘就可以完全煮熟。

每份含**熱量**398卡 · **脂肪**12克 · **鈉**1334毫克 · **碳水化合物**53克 · **纖維**7克 · **蛋白質**21克

想煮出一鍋好湯，關鍵在於用料。新鮮香草料、帕瑪森起司粉，再加上少許青醬或橄欖油，可以為湯麵帶來一股清香，喚醒你的感官。我個人常用現擠檸檬汁為料理提味。

鄉村番茄甜椒湯

番茄甜椒湯加上美味的麵包丁，頗有畫龍點睛的效果。如果你喜歡湯順口一點，可以用攪拌器或食物調理機分批把蔬果打成泥，只要最後上桌前再加熱一下，就可以端出一道熱騰騰又美味的番茄甜椒湯。

紅色甜椒切塊1杯
黃色甜椒切塊1杯
洋蔥切塊1杯
羅馬番茄切塊2杯
紅糖2湯匙
黑胡椒粉1茶匙
低鹽醬油¼杯
紅酒1杯
水或高湯1杯（準備額外的分以便調整湯的濃度）

起司麵包丁
法國麵包厚切6片（1.3-2.5公分厚）
橄欖油
軟羊奶起司3湯匙
奶油乳酪3湯匙
幾滴松露油（可加可不加）

❶ 取一大湯鍋，倒一層橄欖油，開中大火。

❷ 加入甜椒和洋蔥炒到焦糖化，接著放番茄、紅糖和黑胡椒粉，炒到蔬菜邊緣稍微變深。

❸ 加醬油、紅酒和水，轉成中火，蓋鍋煮15分鐘左右，之後轉小火，一邊準備麵包丁。

❹ 麵包丁作法：將麵包片刷上橄欖油，下鍋油煎或送進烤箱，直到麵包變得酥脆、呈金黃色。將羊奶起司、奶油乳酪和松露油拌勻，抹在烤好的麵包片上。

取碗分裝番茄湯，切幾片荷蘭芹或羅勒撒在湯上點綴。麵包可以擺進碗裡或放在旁邊蘸湯。

每份含**熱量**195卡・**脂肪**9克・**鈉**545毫克・**碳水化合物**17克・**纖維**2克・**蛋白質**6克
搭配佐料的營養標示請參考附錄A。

你可以選擇一開始就分裝成四碗，或是用一大鍋盛湯麵，取大盤裝配料，讓家人朋友自行搭配。 ★

東方辣味湯麵

傳統越南河粉使用牛骨和河粉，這裡我們做了點變化，改用現成的食材，說不定現在你家的冰箱和櫥櫃就有這些材料。

河粉225公克
芝麻油或葡萄籽油
義大利臘腸餡（原味或辣味）或板豆腐
切塊450克
低鹽醬油¼杯
雞肉或蔬菜高湯4杯

蔬菜／配料
青蔥，切碎
甜椒，切碎
胡蘿蔔或櫻桃蘿蔔，刨絲或切碎
甘藍菜，切絲
新鮮薑、大蒜或墨西哥辣椒，切碎
新鮮薄荷、泰國羅勒和香菜
醬油
Sriracha辣椒醬
新鮮萊姆

❶ 取一大湯鍋裝水煮沸，依照包裝指示把河粉煮熟，起鍋後瀝乾，拌一點芝麻油或葡萄籽油，以免麵條黏在一起，置於一旁備用。

❷ 將臘腸餡或板豆腐煎到顏色轉深，等到表面大部分都變深色之後，加一點油煎到表皮變酥脆，之後加入醬油拌勻。如果用板豆腐，可以加鹽和胡椒調味，煎完從爐上移開。

❸ 煎肉或豆腐的同時，一邊開小火將高湯煮沸，沸騰後加入等量的水，想吃淡一點的口味就多加一點水。

❹ 河粉分裝四碗，舀湯，最後擺上臘腸餡或豆腐。

加進自己喜歡的蔬菜和配料，備妥碗筷湯杓，開動囉！

大廚提點 先把麵裝進碗裡再舀湯，否則麵條黏在一起就麻煩了。

每份含**熱量**419卡・**脂肪**24克・**鈉**2139毫克・**碳水化合物**25克・**纖維**1克・**蛋白質**25克
此營養標示以河粉和臘腸為主，其他蔬菜和配料的營養標示請參考附錄A。

紅扁豆湯

紅扁豆湯作法超級簡單，三兩下搞定，口味人人誇。紅扁豆烹煮時間短，而且大部分的天然食品店都有賣散裝的紅扁豆。

植物油2湯匙
咖哩粉1-2湯匙（辣椒粉也可）
小顆洋蔥，剁碎
大蒜2瓣，剁碎
墨西哥辣椒剁碎1湯匙
椰奶1杯
紅扁豆1杯，洗淨瀝乾
水或高湯3杯

自由搭配佐料
原味優格1杯
番茄切丁¼杯
香菜切碎2湯匙
新鮮薑剁碎1茶匙

❶ 取一大湯鍋，開中火熱油，加入咖哩粉，加熱幾秒鐘，接著放入洋蔥、蒜末、辣椒和椰奶，攪拌均勻煮5分鐘。

❷ 加入紅扁豆和水或高湯，煮沸後轉小火，等紅扁豆煮軟，大約要20-30分鐘。

❸ 依個人口味，另外再加優格、番茄、香菜和薑末。撒一點鹽巴調味。

你可以直接端上桌，或者把湯分批倒進攪拌機打碎，變成口感綿密的濃湯。搭配幾片烤好的麵包或玉米餅，淋上優格，綴以墨西哥辣椒末，紅扁豆湯就大功告成了。

每份含**熱量**360卡・**脂肪**20克・**鈉**304毫克・**碳水化合物**31克・**纖維**15克・**蛋白質**13克
搭配佐料的營養標示請參考附錄A。

青辣椒豬肉

豬肉很快熟，口感又軟嫩，是我很喜歡的材料。烤餅或白飯都很適合搭配青辣椒，晚餐沒吃完的分還可以變成隔天運動完的豐盛點心。

無麩質在來米粉¼杯（馬鈴薯粉或玉米粉也可）

豬肉900克，切成一口大小

洋蔥1顆，切碎

新鮮辣椒（譬如翡翠辣椒或墨西哥辣椒）2-4根，切碎

馬鈴薯2杯，切塊（如果是騎車完食用，可保留馬鈴薯皮）

辣椒粉2湯匙

高湯或水

罐裝紅豆1杯，瀝乾

自由搭配佐料

蘋果醋¼杯

低鹽醬油2湯匙

大蒜2瓣，剁碎

小茴香粉1湯匙

❶ 取一湯鍋，倒一層油，開中大火。熱鍋的同時，取少許鹽和胡椒加進在來米粉，將豬肉塊放進去讓表面裹滿粉。

❷ 豬肉塊下鍋，表面煎熟，加進洋蔥、辣椒、馬鈴薯和辣椒粉攪拌。注入水或高湯，高度要蓋過所有食材，若有準備其他佐料也在此時全部加進去。

❸ 水煮沸後轉小火繼續悶煮，偶爾攪拌一下，直到馬鈴薯變軟、豬肉煮熟為止，大約20-30分鐘。加入紅豆攪拌，撒鹽和胡椒調味。

綴以香菜末、辣椒末和原味優格。

每份含**熱量**486卡 · **脂肪**15克 · **鈉**294毫克 · **碳水化合物**34克 · **纖維**5克 · **蛋白質**52克
搭配佐料的營養標示請參考附錄A。

現採番茄湯

夏日炎炎，晚餐前不如來點鮮湯開胃。手邊如果剛好有熟透的番茄，不消幾分鐘就能做好一鍋番茄湯，證明簡單幾樣材料照樣能變出口感豐富的料理。羅勒儘管大方撒上去。

中顆帶藤番茄4顆，去皮去藤
紅酒2湯匙
巴薩米克醋2湯匙
檸檬½顆，榨成汁
羅勒1小枝，切碎
大蒜1瓣，剁碎

❶ 取中型平底鍋將水煮沸，在番茄底部輕輕劃幾刀（或劃一個叉），將番茄放進濾勺下水5秒鐘，或是直到番茄皮肉分離，一次一顆。準備一碗冰水，番茄自沸水取出後立刻浸泡冰水，同時繼續處理其他番茄。將泡完冰水的番茄小心去皮。

❷ 將所有食材放進攪拌器或食物調理機拌勻，加鹽和胡椒調味。

冰涼上湯，或是室溫退冰。綴以洋蔥末、帕瑪森起司粉和新鮮羅勒碎末。

每份含**熱量**66卡・**脂肪**1克・**鈉**163毫克・**碳水化合物**13克・**纖維**3克・**蛋白質**2克

消暑甜瓜涼湯

瓜類有三種最適合拿來做甜瓜涼湯，分別是網紋橙肉哈密瓜、光面綠肉洋香瓜和無籽西瓜，試試哪種瓜最合你的胃口。家裡如果有熟過頭的甜瓜，拿來做湯準沒錯。

西瓜切塊3杯（去皮去籽）
檸檬½顆，榨成汁
蘋果汁½杯
現摘薄荷葉4-5片
原味或香草優格½杯
蜂蜜或龍舌蘭花蜜，以免瓜肉不夠甜
新鮮薄荷或龍蒿

❶ 將西瓜、果汁和薄荷葉放進攪拌器或食物調理機打碎（可能需要分兩次攪拌），加入優格和少量蜂蜜，小心加太多蜂蜜會搶走西瓜細緻的風味和香氣。

冰涼上湯，綴以新鮮薄荷或龍蒿，加一點西瓜塊和萊姆，一小時內食用完畢。

每份含**熱量**87卡・**脂肪**0克・**鈉**53毫克・**碳水化合物**19克・**纖維**1克・**蛋白質**7克

將烘焙過的堅果剁碎撒在沙拉上，搭配烤得香酥的麵包，讓沙拉層次更豐富。★

雞絲佐草莓沙拉

這道夏日輕食沙拉十分容易上手，可以利用手邊已經煮好的雞肉，或去超市買現成的烤雞肉。先將雞肉浸入醬汁，再著手處理其他食材，讓雞肉吸飽香甜蜂蜜味，為沙拉大大加分。

沙拉

煮熟 雞肉切絲1杯

奶油萵苣葉2杯，杯子不必壓滿，葉片撕成小塊

紅洋蔥切薄片¼杯

草莓切薄片½杯

帕瑪森起司粉

沙拉醬

檸檬1顆，榨成汁

蜂蜜或龍舌蘭花蜜2湯匙

白酒醋或蘋果醋1湯匙

清淡橄欖油1湯匙

少量新鮮百里香

❶ 醬汁作法：取一個碗裝檸檬汁、蜂蜜和醋，一邊攪拌一邊倒入橄欖油，加鹽和胡椒調味，最後放上新鮮百里香作結。將雞絲浸入醬汁，同時準備沙拉，大約泡5分鐘。

❷ 將萵苣、紅洋蔥和草莓混勻，裝進中型沙拉碗或者拿幾個盤子分裝。擺上雞肉，淋上醬汁，即可上桌。

撒點帕瑪森起司粉、鹽和胡椒提味。

每份含**熱量**304卡・**脂肪**13克・**鈉**403毫克・**碳水化合物**25克・**纖維**3克・**蛋白質**13克

胡蘿蔔奶油瓜沙拉

這道沙拉單吃就很美味，也可搭配義大利寬麵，佐以帕瑪森起司粉或羊奶起司。閒暇之餘不妨參考照片的作法，將胡蘿蔔和奶油瓜削成緞帶狀，為視覺效果加分。沒空準備大餐的夜晚，只需要切幾片胡蘿蔔和奶油瓜，保證味道不輸人。

橄欖油2湯匙
核桃剁碎2湯匙
水果乾2湯匙（葡萄、蔓越莓、芒果或水蜜桃）
胡蘿蔔4根，去皮
中顆奶油瓜½顆（與胡蘿蔔等量），洗淨去皮

沙拉醬
檸檬½顆，榨成汁
橘子½顆，榨成汁
橄欖油2湯匙
蜂蜜1湯匙

1. 取一小型深煎鍋，開中火。倒橄欖油，熱鍋1分鐘。放核桃和水果乾加熱2-3分鐘，偶爾拌一下。結束後置於一旁稍微冷卻，接著處理蔬菜和沙拉醬。
2. 取削皮刀，將胡蘿蔔和奶油瓜削成長長的緞帶，取沙拉碗盛裝。
3. 沙拉醬作法：將所有沙拉醬食材裝進小碗混勻，加鹽和胡椒調味。
4. 將胡蘿蔔和奶油瓜拌勻，混入核桃和水果乾，最後淋上沙拉醬均勻攪拌。

喜歡荷蘭芹的人可以灑一點做裝飾。

大廚秘訣 奶油瓜也可以換成櫛瓜或黃翠瓜。

每份含**熱量**291卡・**脂肪**16克・**鈉**302毫克・**碳水化合物**38克・**纖維**3克・**蛋白質**4克

七彩沙拉

傳統七彩沙拉使用酪梨、番茄和藍紋起司，我個人則偏好水果。有空的話可以用家裡任何一種果醬做成沙拉醬，現成沙拉醬也無妨，選擇香甜撲鼻的口味即可。

蛋4顆

綜合蔬菜4杯

肉類薄片和起司，每份沙拉切一兩片，
例如火腿、火雞肉、瑞士起司或
切達起司等

香蕉2根，縱切薄片
草莓8-12顆，切薄片
檸檬½顆，榨成汁

沙拉醬
橘子醬、櫻桃醬或其他果醬2湯匙
洋蔥末1湯匙
蒜末1茶匙
墨西哥辣椒末1茶匙
新鮮荷蘭芹切成碎末1湯匙
白酒醋或蘋果醋½杯
芥花籽油½杯

❶ 水煮蛋作法：取一小鍋裝水蓋過蛋，蓋鍋將水煮沸，大約滾10分鐘，將蛋取出沖冷水，冷卻後再剝去蛋殼。如果沒有要馬上吃就先靜置一旁，之後再剝殼切半。

❷ 沙拉醬作法：將油以外的食材放進攪拌器，低速運轉，同時慢慢倒進芥花籽油，攪拌到沙拉醬變得濃稠為止。加鹽、胡椒和糖調味。（沙拉醬需要8人分，用不完冰進冰箱可放4天。）

❸ 取碗裝蔬菜，榨幾滴檸檬汁，撒一小搓鹽，即可上桌。

每一個盤子中央放約1杯量的蔬菜，平均分配肉類、起司、水煮蛋和切好的水果，最後淋上沙拉醬便大功告成。

每份含**熱量**272卡 · **脂肪**14克 · **鈉**550毫克 · **碳水化合物**20克 · **纖維**3克 · **蛋白質**19克

沙拉醬（2湯匙）含**熱量**94卡 · **脂肪**9克 · **鈉**0毫克 · **碳水化合物**3克 · **纖維**0克 · **蛋白質**0克

醬油白酒炒蘑菇

這道蘑菇料理通常用清酒調味，不過不甜的白酒比清酒更便宜，也更容易買到。情非得已之時，淡啤酒也可以拿來充數。

厚片土司或法國麵包4片
橄欖油2湯匙
新鮮小蘑菇450克，洗淨切齊
蒜末1茶匙
不甜的白酒或啤酒¼杯
低鹽醬油2湯匙
新鮮荷蘭芹或細香蔥2湯匙
低鹽高湯（口味任選）或水½杯

❶ 麵包稍微刷一點橄欖油，放在鍋上煎或送進小烤箱幾分鐘，小心別烤焦，完成後置於一旁備用。

❷ 深煎鍋加少許油，開中火，下蘑菇和蒜末，炒到蘑菇表面稍微變脆，大約炒8-10分鐘。

❸ 轉中小火，加不甜的白酒和醬油。

❹ 下荷蘭芹或細香蔥，高湯先倒一半，稍微攪拌，如果希望醬汁多一點就把剩下的倒完。加鹽和胡椒調味。

取兩片烤好的麵包置於盤中，舀一大杓蘑菇淋在麵包上，佐以帕瑪森起司粉或新鮮香草料末。

大廚秘訣 麵包換成白飯，一道無麩質料理就完成了。

每份含**熱量**317卡 · **脂肪**12克 · **鈉**733毫克 · **碳水化合物**39克 · **纖維**3克 · **蛋白質**9克

茄子牛排沙拉

這道沙拉只要嘗過一次，保證你立刻想學起來當拿手料理。若手邊剛好沒有煮好的麵條，先煮一鍋水，再開始其他步驟。

牛五花或側腹肉450克
香料2湯匙（289頁，見大廚提點）
中顆茄子，切成1.3公分的薄片
橄欖油2湯匙
在來米粉或麵粉1杯，加鹽和胡椒調味
大蒜2-3瓣，剁碎
番茄1顆，切丁
預煮 煮熟的寬扁麵1杯
帕瑪森起司粉
新鮮綜合蔬菜4杯

1. 烤箱預熱至350度，牛肉兩面都抹滿香料，置於一旁備用。
2. 茄子片平鋪在烤盤紙上，兩面都刷橄欖油。
3. 取一大型夾鍊袋裝茄子片，讓每片茄子都沾到一點調味過的麵粉。
4. 取一深煎鍋，倒少許油開中大火，下茄子，兩面共煎5-6分鐘，煎至茄子呈金黃色。起鍋後放到烤箱可用的盤子，讓茄子在烤箱裡保溫，同時一邊準備牛排。
5. 將牛肉放到剛剛煎茄子的深煎鍋，煎3分鐘左右再翻面，加入蒜末和番茄丁，稍微拌炒，煮3-5分鐘，或是照自己喜歡的牛排熟度調整時間。從爐上移開放涼，切成條狀。

把茄子切成塊狀，和煮好的義大利麵拌勻，加帕瑪森起司粉和橄欖油調味。接著將牛肉條和綜合蔬菜混勻，以檸檬汁、鹽和胡椒調味。取盤子盛裝，先盛牛肉蔬菜，再放上茄子和麵條。

大廚提點 若手邊沒有備好的香料，可以改用½湯匙的紅糖，加鹽和胡椒各1茶匙，混勻可作替代香料。

每份含**熱量**453卡・**脂肪**11克・**鈉**296毫克・**碳水化合物**48克・**纖維**5克・**蛋白質**40克

★ 香料作法請見第289頁，可以調理牛肉、豬肉和羊肉，相當好用。

★ 搭配阿根廷芹香
醬（第284頁），趁
熱享用。

阿根廷馬鈴薯餃佐墨西哥辣椒

我們必須站出來，首度公開承認阿根廷餡餃的確是一道費工夫的料理，但它同時也是主車群車手的傳統食物，大家都應該體驗一回。下次騎車打包幾個餡餃，你就會懂了，我敢說你一定三兩下就吃個精光。（如果要在騎車的空檔吃，墨西哥辣椒就別加太多。）

餡料

洋蔥末¼杯

預煮 煮熟馬鈴薯切小塊2杯

墨西哥辣椒切碎1湯匙

起司刨絲或弄成碎塊¼杯、傑克、切達或墨西哥起司皆可

新鮮香菜切碎1湯匙

餃皮

本食譜的餃皮麵團（第273頁）或現成麵團

1. 餡料作法：取深煎鍋，倒少許油，開中大火，下洋蔥炒到變軟，大約3-5分鐘。加入馬鈴薯和辣椒，充分拌炒後關火。

2. 加起司、香菜和少許鹽和胡椒，試試味道，調整口味。放進冰箱冷卻，一邊開始做餃皮。

3. 餃皮作法：烤箱預熱至375度。

4. 在一個平台撒一些麵粉，從備好的麵糰搓出小麵糰，壓成直徑15公分的餅皮，麵團必須準備6-8張餅皮的量。

5. 挖一大杓餡料放在餅皮上，對折成半圓形，拿叉子做餃皮邊緣的摺縫（可能需要先打水沾濕邊緣的餅皮，才比較好做摺縫）。

6. 取一個刷油的烤盤紙，不沾黏的烤盤紙也可，將餡餃移到紙上送進烤箱烤至金黃，大約需15-20分鐘。

每份含**熱量**429卡 · **脂肪**17克 · **鈉**248毫克 · **碳水化合物**62克 · **纖維**3克 · **蛋白質**6克

阿根廷咖哩牛肉餃

與朋友或家人一起享用晚餐的時刻，我喜歡做阿根廷餡餃招待貴客，這道牛肉餃特別適合喜歡吃辣的朋友，建議準備一些番茄果醬（第284頁）中和辣味。牛肉餃辣中帶甜，也許你吃上癮，把它變成家常點心也說不定。

餡料
水牛絞肉或草飼牛肉450克
洋蔥末¼杯
蒜末1湯匙
墨西哥辣椒切碎末1湯匙
咖哩粉2湯匙
鹽1茶匙
青豆1杯
小顆番茄2顆，切碎（可加可不加）
黑糖蜜2湯匙
低鹽醬油2湯匙

餃皮
本食譜的餃皮麵團（第273頁）或
現成麵團

❶ 餡料作法：深煎鍋倒少許油，將牛肉和洋蔥炒到變色，加入蒜末、辣椒、咖哩粉和鹽巴，繼續翻炒到牛肉全熟。

❷ 加入青豆（番茄也一併加進去）、黑糖蜜和醬油，煮15分鐘，以鹽巴調味，完成後置於一旁放涼，一邊開始做餃皮。

❸ 餃皮作法：烤箱預熱至375度。

❹ 在一個平台撒一些麵粉，從備好的麵糰搓出小麵糰，壓成直徑15公分的餅皮，麵團必須準備6-8張餅皮的量。

❺ 挖一大杓餡料放在餅皮上，對折成半圓形，拿叉子做餃皮邊緣的摺縫（可能需要先打水沾濕邊緣的餅皮，才比較好做摺縫）。

❻ 取一個刷油的烤盤紙，不沾黏的烤盤紙也可，將餡餃移到紙上送進烤箱烤至金黃，大約需15-20分鐘。

每份含**熱量**454卡 · **脂肪**24克 · **鈉**624毫克 · **碳水化合物**41克 · **纖維**2克 · **蛋白質**18克
其他佐料的營養標示請參考附錄A。

★ 自己動手做餃皮（作法
見第273頁）或使用現成
麵團。

★ 有空的話另外準備辣味黑
豆（第281頁）和苦味生菜（
第282頁），搭配塔可餅一起
享用。

炸魚塔可餅

炸魚塔可餅不分時節，一年四季都合宜。建議買幾包冷凍魚片放在冰箱備用，價格不高又十分方便，尤其推薦鯛魚和比目魚。將冷凍魚片移到冷藏層，解凍12-24小時，下鍋前先取紙巾將魚肉拍乾，裹粉之後才能炸得又香又脆。

香飯
印度香米1杯
水1又½杯
白醋1湯匙

炸魚
麵粉½杯
塔可餅調味料1湯匙
黑胡椒粉1茶匙
飽滿的白色魚肉片450克
葡萄籽油1湯匙

墨西哥玉米餅皮12片
黑豆罐頭1罐（450公克），洗淨瀝乾
葉菜類2杯，杯子不必壓滿
萊姆切數塊備用

❶ 香飯作法：取一個中型鍋子盛米、水和白醋，將水煮沸後轉小火，蓋上鍋蓋燜煮至水分收乾，約需15分鐘。完成後關火，不必打開鍋蓋。

❷ 炸魚作法：取一個寬碗或深盤，放麵粉、塔可餅調味料和黑胡椒粉，將魚片裹粉。

❸ 深煎鍋倒油，開中大火，下魚片，兩面各炸3-5分鐘，直到表面呈金黃色，起鍋備用。

❹ 取一個乾鍋熱鍋，將玉米餅皮加熱，煎1-2分鐘後翻面。

將白飯、黑豆和炸魚鋪在餅皮上，加墨西哥莎莎醬，擺上蔬菜，佐以切塊萊姆。

大廚秘訣 葡萄籽油味道頗清淡，適合炸魚，可以讓魚肉保持原味。若手邊沒有，芥花籽油也是不錯的替代方案。

每份含**熱量**424卡·**脂肪**8克·**鈉**967毫克·**碳水化合物**62克·**纖維**5克·**蛋白質**27克

牛肉地瓜塔可餅

牛肉和地瓜餡料十分容易準備，烹調時間也不長，吃辣的人可以加一點墨西哥辣椒或辣椒粉，我個人喜歡加入一點甘甜味，調和牛肉的厚實口感。

牛肉餡
牛絞肉450克
塔可餅調味料2茶匙
辣椒粉2茶匙
紅糖1茶匙
青豆¼杯
萊姆1顆

地瓜餡
煮熟 地瓜1杯，切大塊
洋蔥1顆，切薄片
甜椒1顆，切薄片

墨西哥玉米餅皮8片，加熱
原味優格
帶枝香菜

❶ 牛肉餡作法：取大型深煎鍋，倒一層薄薄的油，開大火下牛絞肉，不時翻炒以免牛肉黏在一起，炒到顏色變深為止。

❷ 下調味料、辣椒粉和紅糖，拌炒1分鐘，轉中火繼續炒到醬汁幾乎收乾，牛肉變成漂亮的深色。

❸ 下青豆，加新鮮萊姆汁和鹽巴調味，完成後關火，注意青豆不要炒過頭變色。

❹ 地瓜餡作法：取中型不沾鍋，倒一層薄薄的油，下地瓜、洋蔥和甜椒嫩煎，直到地瓜表面開始變焦脆，即可起鍋，約需5分鐘。

❺ 加辣椒粉和鹽巴調味，拌勻後關火。

玉米餅皮加熱後，鋪上滿滿一層牛肉和地瓜餡，淋上優格、擺幾枝香菜，總共可做8分塔可餅。

每份含**熱量**540卡・**脂肪**25克・**鈉**628毫克・**碳水化合物**45克・**纖維**6克・**蛋白質**35克

份數> 4
烹調時間> 30分鐘

火雞萵苣捲

晚餐想來點輕食？試試萵苣捲，既清爽又美味。多煮一碗飯，提供足夠的碳水化合物和蛋白質，還能填飽五臟廟。

火雞肉餡
火雞絞肉450克
喜歡的綜合香料2湯匙（亞洲、墨西哥或印度綜合咖哩粉）
葡萄乾¼杯
洋蔥¼顆，剁碎末
新鮮辣椒1-2根，切碎

花生醬汁
花生醬½杯
現榨檸檬汁或萊姆汁1湯匙
橄欖油2湯匙
蘋果醋或白醋1湯匙
紅辣椒片1茶匙（可加可不加）

萵苣捲
大顆萵苣1顆，摘下葉子，洗淨瀝乾

1 餡料作法：取大型深煎鍋，倒一層薄薄的油，開中大火下火雞絞肉炒熟。

2 加入香料和其他食材，充分混勻，蓋上鍋蓋燜10分鐘，之後繼續拌炒，加鹽和胡椒調味。

3 燜煮餡料的同時來做花生醬汁。取一小碗裝花生醬、檸檬汁或萊姆汁、橄欖油和醋。微調各種食材的量，讓醬汁呈現液態狀。想吃辣就再加鹽和紅辣椒片調味。

餡料放涼後舀一大匙包入萵苣葉，淋上花生醬汁，將萵苣包妥，直接拿起來享用。

大廚秘訣 大部分萵苣捲會選用包心萵苣，不過為了營養價值考量，我會買其他品種。

每份含**熱量**157卡·**脂肪**1克·**鈉**148毫克·**碳水化合物**11克·**纖維**2克·**蛋白質**27克
花生醬汁（2湯匙）含**熱量**170卡·**脂肪**15克·**鈉**99毫克·**碳水化合物**7克·**纖維**1克·**蛋白質**5克

想多攝取碳水化合物，可以多煮一碗飯、義大利麵或馬鈴薯充當主食。 ★

★ 披薩麵團速成法，
請見第274頁。

羅勒番茄披薩

這道披薩只放三種配料,你可以自由追加想吃的餡料,不過既然已擁有夏日鮮蔬的王者,何必自找麻煩呢?

本食譜的披薩麵團½份(第274頁),
桿成直徑25公分的麵皮

小顆成熟番茄1顆
莫扎瑞拉起司絲和其他起司刨絲½杯
大片新鮮羅勒葉3-4片

❶ 烤箱預熱至400度,番茄放進攪拌器打成泥,約需15秒,至少要打出½杯。

❷ 將打好的番茄醬塗滿桿平的麵皮,鋪上起司絲。

❸ 將麵皮送進烤箱,直到底部呈金黃色,約需12-15分鐘。

撒少許粗鹽和胡椒粒,將羅勒葉撕成長條狀鋪好。

每份含**熱量**444卡・**脂肪**10克・**鈉**653毫克・**碳水化合物**73克・**纖維**3克・**蛋白質**14克

馬鈴薯披薩

對於比賽比得正激烈的專業車手而言，烤披薩是激勵士氣的最強祕密武器。馬鈴薯披薩口味十分清淡，上場前找到空檔不妨來個幾片。你也可以自行追加配料。

本食譜的披薩麵團½份（第274頁），
桿成直徑25公分的麵皮
橄欖油

洋蔥¼顆，切薄片
預煮 煮熟馬鈴薯1杯，切薄片
帕瑪森起司粉3湯匙
新鮮百里香或其他香草料

自由搭配佐料
蒜末
莫扎瑞拉起司絲
新鮮番茄，切小塊

❶ 烤箱預熱至400度，取小型或中型平底鍋開中大火，倒少許橄欖油炒洋蔥，直到洋蔥顏色稍微變深即可。

❷ 披薩麵皮刷橄欖油，鋪上馬鈴薯片、洋蔥、帕瑪森起司粉和香草料。（其他佐料也一併放上去。）

❸ 將麵皮送進烤箱，直到底部呈金黃色，約需12-15分鐘。撒少許鹽和胡椒調味。

大廚秘訣 薄披薩香脆輕薄，適合作第一道菜或點心。

每份含**熱量**492卡 · **脂肪**11克 · **鈉**658毫克 · **碳水化合物**85克 · **纖維**4克 · **蛋白質**13克
搭配佐料的營養標示請參考附錄A。

鰻魚菠菜水煮蛋披薩

烈日當頭，選手激烈運動過後總是特別想吃鹹或吃酸，這道披薩要鹹有鰻魚、要酸有檸檬汁，營養豐富，適合當第一道菜。麵皮單獨送進烤箱，完成後刷橄欖油，鋪上新鮮配料，三兩下即可搞定！

本食譜的披薩麵團½份（第274頁），桿成直徑25公分的麵皮

新鮮菠菜葉1杯，洗淨瀝乾
蒜末1茶匙
橄欖油1湯匙，另外準備刷麵皮的分量
帕瑪森起司粉1湯匙
鰻魚薄片6-8 片
預煮 水煮蛋2顆，每顆切四等分
檸檬汁

自由搭配佐料
烤松子或核桃
新鮮羅勒，撕碎或撕成小片

❶ 烤箱預熱至400度，麵皮烤到金黃色，約需8-12分鐘，取出後立刻刷上薄薄一層橄欖油。

❷ 烘烤麵皮的同時，將菠菜葉、蒜末1茶匙橄欖油和起司粉（以及其他佐料）混勻。

❸ 在熱騰騰的麵皮鋪滿混好的配料，交錯擺上鰻魚和水煮蛋，最後擠少許檸檬汁，撒一點粗鹽收尾。

每份含**熱量**515卡・**脂肪**15克・**鈉**1210毫克・**碳水化合物**72克・**纖維**3克・**蛋白質**18克
搭配佐料的營養標示請參考附錄A。

★ 打杯果汁，為
這道蔬食漢堡加
分。果汁食譜請
見第113頁。

蔬食漢堡

身邊吃素的朋友一直想做出營養健康的素食漢堡，大部分食譜為了不讓漢堡排散掉，會加麵粉、蛋或其他根本不搭的食材，這道素食漢堡只用三種材料，不含乳製品和麩質，不加多餘的油脂、蛋類或添加物，材料可以任意替換，或者加進其他喜歡的食物。

綜合蔬果泥1杯（見大廚提點）
預煮 煮熟糯米4杯
預煮 煮熟豆類或豆子罐頭1杯
全麥漢堡麵包

自由搭配佐料

綜合香料：香菜粉、小茴香粉、辣椒粉和香芹鹽，總共最多2茶匙

磨菇、胡蘿蔔和（或）深色花椰菜，稍微炒過切碎，總共最多1杯

❶ 將蔬果泥、糯米和豆類拌勻，嘗一口，以鹽、紅糖和想用的香料調整味道。如果有準備其他蔬菜，此時可以先切好。

❷ 調味滿意之後，捏成一大球壓扁作漢堡排，總共可做8分漢堡排。

❸ 深煎鍋倒少許油開中大火，下漢堡排，一次煎剛好的分量。底部煎成金黃色即可翻面，兩面都煎成金黃色。

放涼後包起來，漢堡排冰冷凍最久可保鮮一個月。

大廚提點 這道漢堡需要使用果汁機做果菜泥，試試甜菜根、胡蘿蔔、蘋果和其他喜歡的蔬果。

大廚秘訣 各種食材的比例依果菜泥和糯米的濕潤度而定。如果糯米很乾，加一點水放在爐子上加熱或送進微波爐。

每份含**熱量**288卡．**脂肪**2克．**鈉**311毫克．**碳水化合物**57克．**纖維**8克．**蛋白質**3克
搭配佐料的營養標示請參考附錄A。

★ 許多料理都可以搭配香菜薄荷優格提味，作法請見第286頁。

義式肉丸迷你堡

這道漢堡和一般肉丸堡差不多，只不過多了葡萄乾，尺寸稍微迷你一點。迷你堡是夏日野餐良伴，朋友臨時拜訪也可以端出來招待。肉丸可以單獨冷凍或是和醬汁一起冷凍。

牛絞肉或火雞瘦絞肉450克
辣味義式臘腸餡450克
黃金葡萄乾¼杯
新鮮麵包切丁1杯
蛋2顆，打散

愛吃的現成番茄醬汁
（tomato sauce）1罐
水½杯
餐包12個，若餐包黏在一起請剝開
香菜薄荷優格（第286頁）

自由選擇配料
起司、洋蔥、蔬菜等

❶ 取一個中型碗，裝進絞肉、臘腸餡、葡萄乾、麵包丁和蛋液，拌勻後靜置數分鐘，讓麵包吸飽蛋液。

❷ 用手捏出12顆肉丸，炸完後的大小要能塞進餐包。

❸ 取一個大鍋倒一層油，開中大火，下剛好數量的肉丸（不要太擠），不時翻動讓每一面均勻受熱。表面全部變成深色即可起鍋，放在紙巾上吸油。

❹ 肉丸完成之後，重新下鍋，加番茄醬汁和水，蓋鍋開中大火煮20分鐘，不時攪拌以免醬汁焦掉。

一個餐包夾一顆肉丸，肉丸澆一點醬汁，再淋上香菜薄荷優格和其他想吃的配料。

每份（1份迷你堡）含**熱量**453卡・**脂肪**20克・**鈉**983毫克・**碳水化合物**52克・**纖維**5克・**蛋白質**25克
此營養標示以火雞絞肉為主。配料的營養標示請參考附錄A。

紅油義式烘蛋

好吃的義式烘蛋有許多種類，這道屬於基本款，使用蔬菜切片和起司。等你越做越上手之後，不妨換別種起司，加進肉類和新鮮香草料。烘蛋適合搭配一大塊香脆麵包一同享用，最好再來盤檸檬味沙拉就更完美了。

義式烘蛋

橄欖油2-3湯匙（視鍋子大小）

洋蔥1顆，切薄片

甜椒2顆，切薄片

蛋6-8顆，稍微打散

瑞士起司刨絲½杯

切碎的新鮮香草1湯匙：包括羅勒、百里香、荷蘭芹和龍蒿

鹽和胡椒少許

肉豆蔻粉少許（可加可不加）

紅油

橄欖油½杯

紅色甜椒切丁2湯匙，新鮮或醃漬皆可

鹽少許

檸檬汁

❶ 烘蛋作法：取大型不沾鍋，倒一層油熱鍋，開中火嫩煎洋蔥和甜椒直到變軟，約需4-5分鐘。

❷ 同時，取中碗裝蛋液、起司絲、香草料以及少許鹽和胡椒，混勻後倒入鍋裡，平均蓋過蔬菜。開中火，讓蛋液不時流動，直到幾乎煮熟。蓋上鍋蓋，讓烘蛋完全定型。放在鍋裡靜置直到上桌。

❸ 紅油作法：將橄欖油、甜椒和鹽放進攪拌器打成泥狀，加檸檬汁調味，不夠鹹就再加點鹽巴。冷藏可保鮮一星期。

將整個烘蛋倒扣到盤子上，也可以在鍋子裡切好再裝盤。最後淋上一點紅油。

每份含**熱量**270卡・**脂肪**20克・**鈉**208毫克・**碳水化合物**8克・**纖維**2克・**蛋白質**14克

紅油（1湯匙）含**熱量**97卡・**脂肪**11克・**鈉**28毫克・**碳水化合物**2克・**纖維**0克・**蛋白質**0克

甜椒鑲米粒麵

烤鑲甜椒對運動員而言簡直是難能可貴的奢侈品，不過它的食材其實很容易取得，而且餡料只需15分鐘就能備妥。如果你這禮拜也想吃羅勒米粒麵沙拉（食譜見第153頁），不妨多做一點餡料，一舉兩得。

義大利米粒麵225公克
長期熟成的切達或莫扎瑞拉起司絲1杯
番茄1顆，切丁
小顆洋蔥1顆，切碎
現切香草料，包括荷蘭芹、羅勒和
細香蔥共¼杯
原味優格或低鹽醬油½杯
橄欖油2湯匙
中顆或大顆甜椒4顆，洗淨剖半

自由搭配佐料
羊奶起司或低脂奶油乳酪450克
罐裝鮪魚或鮭魚145克，瀝乾
預煮 煮熟鷹嘴豆1杯

1. 烤箱預熱至375度，按照包裝指示烹煮米粒麵，煮熟瀝乾後拌一點橄欖油。
2. 將甜椒以外的食材和米粒麵拌勻，加鹽和胡椒調味（以及其他用到的佐料）。將餡料填進甜椒，最後多加點起司絲或香草料。
3. 將甜椒放進烤箱可用的盤子裡，有餡料的那一面朝上，盤子用錫箔紙包覆，送進烤箱烤30分鐘，取出拆掉錫箔紙，繼續烤5-10分鐘，直到餡料顏色稍微轉深，甜椒變軟為止。

趕時間的話先用微波爐微波3-4分鐘，再用烤箱烤15-20分鐘。

大廚秘訣 米粒麵也可以換成米飯，但是切記米飯不能完全煮熟，否則烘烤之後會變得太軟。

每份含**熱量**386卡 · **脂肪**18克 · **鈉**220毫克 · **碳水化合物**44克 · **纖維**3克 · **蛋白質**15克
搭配佐料的營養標示請參考附錄A。

炙燒鮪魚排

黃鰭鮪魚含有高營養價值，質地細嫩，容易處理，料理方法也很多元。我都會隨手買幾片魚排冰在冰箱庫存，可以搭配米飯、馬鈴薯或藜麥一起享用。

黃鰭鮪魚排2片（每片90-115公克），兩面撒少許鹽和胡椒粒

檸檬油
檸檬1顆
橄欖油¼杯

綜合沙拉用生菜3杯，杯子不必壓滿
香蕉1根，切片
蜂蜜2湯匙

❶ 不沾鍋倒少許油，開中大火，下魚排，兩面各煎3分鐘（視魚排厚度調整時間），直到表面煎熟。趁魚排還沒完全熟透之前從爐上移開。魚排中間要帶一點粉紅，完成後切成厚片。

❷ 檸檬油作法：取小碗裝橄欖油和檸檬汁（一顆檸檬的量），加一撮鹽混勻。

將半碗檸檬油倒進生菜拌勻，將鮪魚排分裝擺盤，旁邊放生菜和香蕉片，淋上剩下的檸檬油和蜂蜜，撒一點鹽和胡椒收尾。

大廚秘訣 魚排或肉類的最佳解凍方式，是放在盤子上冷藏過一晚。千萬不要放在室溫下解凍！

每份含**熱量**470卡・**脂肪**29克・**鈉**360毫克・**碳水化合物**25克・**纖維**3克・**蛋白質**32克

炙燒比目魚排

所有味道清淡、厚度偏薄的白肉魚都很適合做炙燒魚排，這次選擇比目魚是因為超市很常見，處理方式也不難，搭配芒果和酪梨製成的莎莎醬，香香甜甜，口感綿密，又不會搶走主角的風采。魚排烹調時間短，用餐前再下鍋即可。

芒果莎莎醬

芒果2顆，切成一口大小（熟成的芒果須剝皮，青芒果不必）

酪梨2顆，切成一口大小

洋蔥切薄片½杯

香菜剁碎¼杯

橘子汁¼杯

葡萄籽或芥花籽油2湯匙

比目魚或其他白肉魚排4片（每片115-175克），洗淨，邊緣切齊

葡萄籽或芥花籽油2湯匙

❶ 芒果莎莎醬作法：取碗裝芒果、酪梨、洋蔥和香菜，一邊攪拌一邊倒橘子汁，加入油、鹽和胡椒調味。

❷ 魚片撒鹽和胡椒，深煎鍋倒少許油，開中大火，一面煎3分鐘，另一面2分鐘。魚肉會呈現漂亮的乳白色，邊緣稍微呈金黃色。

每一盤先鋪一層米飯或北非小米飯，再放上魚排，旁邊舀一大匙莎莎醬，裝盤完畢將剩下的莎莎醬淋在魚排上，綴以帶枝香菜，擠一點檸檬汁即可上桌。

每份含**熱量**380卡．**脂肪**21克．**鈉**210毫克．**碳水化合物**27克．**纖維**7克．**蛋白質**1克

簡易印度香料飯

香料飯屬於經典南印度料理，短時間內即可完成，香料飯包含新鮮蔬菜和富含蛋白質的腰果，營養價值完善，可以自成一道晚餐。

米飯2杯（見大廚提點）

水3又½杯

清淡橄欖油2湯匙

蔬菜切碎2杯（胡蘿蔔、深色花椰菜、黃翠瓜和櫛瓜等）

洋蔥1顆，切絲

腰果或花生¼杯

葡萄乾¼杯

咖哩粉1湯匙（依個人喜好增量）

❶ 米飯加水放進電鍋。

❷ 煮飯的同時，取一個深鍋開中大火熱油，將其他食材全部下鍋，拌炒到葡萄乾膨起，咖哩粉完全溶解為止，約需3-5分鐘。

❸ 加入米飯翻炒，直到米飯完全變色，與蔬菜均勻混和，約8-10分鐘，完成後加鹽調味。

綴以原味優格或幾滴檸檬汁即可上桌。

大廚提點 泰國香米也很適合這道料理。

大廚秘訣 多做幾次熟悉作法之後，可以加入新鮮薑末、香菜末或馬鈴薯塊。雞肉或鷹嘴豆也是不錯的加菜。

每份含**熱量**451卡．**脂肪**15克．**鈉**196毫克．**碳水化合物**72克．**纖維**9克．**蛋白質**11克

煙燻鮭魚義大利麵

這道料理通常是用煙燻鮭魚、鮮奶油和牛油,你也可以改用煎鮭魚或罐裝鮭魚,口味比較清淡。

蝴蝶麵225克(或其他中型義大利麵)
煙燻鮭魚90克
優格1杯(希臘優格要加一點水)
低鹽高湯、水或牛奶½杯
小顆番茄1顆,切丁
胡蘿蔔切丁½杯
青豆½杯(青豆和胡蘿蔔選擇冷凍或新鮮的皆可)
新鮮荷蘭芹剁碎¼杯

自由搭配佐料
新鮮龍蒿、酸豆和(或)切碎的綠橄欖

❶ 依照包裝指示將蝴蝶麵煮到彈牙的熟度(10-11分鐘),瀝乾後加一點橄欖油拌勻備用。

❷ 將鮭魚的刺剔除乾淨,取叉子將魚片分成小塊。

❸ 取深一點的大平底鍋,將優格和高湯拌成濃稠的醬汁,開中火煮沸,不時攪拌,沸騰後轉小火。

❹ 下番茄、胡蘿蔔、青豆和荷蘭芹,煮5-6分鐘或是胡蘿蔔變軟即可。加入煮熟的蝴蝶麵和鮭魚(以及其他佐料),充分拌勻後關火。

加鹽和胡椒調味,附上帕瑪森起司粉和檸檬汁當調味料。

每份含**熱量**584卡．**脂肪**5克．**鈉**1032毫克．**碳水化合物**106克．**纖維**8克．**蛋白質**33克

印度茄汁優格咖哩雞

我把傳統印度料理動了點手腳,讓食材回歸基本。自己在家做的時候,我強力推薦多摻一點香料和辣味,料理前記得先讓雞肉浸漬一小時。

雞肉900克,切成一口大小
番茄醬汁(tomato sauce)1杯
原味優格1杯
咖哩粉2湯匙
洋蔥切薄片1杯
鹽1茶匙

自由搭配佐料
新鮮薑末
青辣椒2-4根,切絲

❶ 取碗裝所有食材(包括搭配佐料)混勻,冰進冰箱浸漬至少1小時。

❷ 烤箱調到375度,將雞肉放進烤箱可用的深盤,以錫箔紙封住,將雞肉完全烤熟,約需1小時(另一種作法是開小火慢慢煮沸,接著轉中火煮30分鐘左右)。完成後加鹽和胡椒調味。

綴以香菜末,取碗盛裝,當作一道香料燉肉,或是搭配米飯一同享用。

每份含**熱量**399卡 · **脂肪**5克 · **鈉**574毫克 · **碳水化合物**8克 · **纖維**1克 · **蛋白質**38克
搭配佐料的營養標示請參考附錄A。

烤雞肉串佐夏日米粒麵

這道料理讓你充分享受夏日燒烤配上優質碳水化合物，不必擔心吃到劣質脂肪或其他謎樣的添加物。香菜的新鮮香氣和夏季蔬果很搭，你也可以換成喜歡的香草料或香料。

烤雞肉串
橄欖油2湯匙
檸檬½顆，榨成汁
大蒜剁碎1茶匙
香菜粉或小茴香粉1茶匙
去皮無骨雞胸肉900克，切小塊

夏日米粒麵
義大利米粒麵225克，事先加熱
（見大廚提點）
大根胡蘿蔔2根，去皮切碎
番茄切丁¼杯
荷蘭芹剁碎1湯匙
洋蔥末和蒜末各1茶匙
橄欖油2湯匙
新鮮橘子汁1湯匙
檸檬½顆，榨成汁
費達起司弄碎2-3湯匙

❶ 烤雞肉串作法：取一大碗混勻橄欖油、檸檬汁、蒜末、香菜粉或小茴香粉，加少許鹽和胡椒。將雞肉放進碗裡均勻抹上香料。

❷ 用烤肉叉刺穿雞肉、放在烤肉架上烘烤，或者取一乾鍋加少許油，兩面煎至金黃，完全熟透，約需12分鐘。

❸ 米粒麵作法：取一乾燥的平底鍋開中大火將米粒麵加熱，注意別讓麵焦掉。完成後鍋裡加水，根據包裝指示將麵煮熟瀝乾。

❹ 取一個中碗將麵和其他食材混勻，加鹽和胡椒調味。

取湯匙將米粒麵盛入大盤，擺上烤好的雞肉塊，舀一大匙優格、綴以新鮮香草料末和少許粗鹽。

大廚提點 加熱過的米粒麵帶有美好的堅果香氣。

每份含**熱量**311卡・**脂肪**14克・**鈉**29毫克・**碳水化合物**1克・**纖維**0克・**蛋白質**53克
米粒麵（1杯）含**熱量**263卡・**脂肪**9克・**鈉**171毫克・**碳水化合物**38克・**纖維**1克・**蛋白質**7克

★ 小米沙拉（第276頁）富含蛋白質，和魚肉很對味。

檸檬鮭魚佐香草料

這道水煮鮭魚步驟簡單，口味清爽，適合搭配簡單的碳水化合物如米飯或北非小米，圖片中的小米沙拉也值得一試。小米口感稍脆，帶有堅果香，和魚肉料理非常對味。

檸檬½顆，切薄片
新鮮香草料數枝，如荷蘭芹、百里香、羅勒和香草
小片鮭魚排2片（每片90-115克）

❶ 取一寬鍋裝水，高度2.5公分，小火煮沸，加入檸檬片和香草料。

❷ 鮭魚帶皮那一面朝下，下鍋浸水，3-4分鐘後魚肉顏色轉不透明即可翻面，持續煮到魚肉變成均勻的粉紅色，即可輕鬆去皮，起鍋放到紙巾上瀝乾。

加鹽、胡椒和檸檬汁調味，以少許牛油或橄欖油點綴。

每份含**熱量**132卡 · **脂肪**4克 · **鈉**213毫克 · **碳水化合物**2克 · **纖維**1克 · **蛋白質**23克

義式肉丸義大利麵佐紅酒醬

晚餐準備一鍋紅酒醬肉丸義大利麵款待朋友，保證備受好評，廚名遠播。準備一個大鍋子，按照三步驟即可上桌。首先捏好肉丸下鍋煮熟，接著用同一個鍋子製作醬汁，最後肉丸重新下鍋吸醬汁，此時你就可以站在一旁讚嘆自己的廚藝了。

義式肉丸

牛絞肉450克
辣味義大利臘腸餡450克
蛋2顆，稍微打散
帕瑪森起司粉2湯匙
麵包粉1杯（見大廚提點）
乾燥羅勒葉和紅辣椒片
橄欖油¼杯

紅酒醬

洋蔥碎末½杯
蒜末2湯匙
甜椒切丁½杯
新鮮番茄切丁½杯
小罐裝（115克）番茄糊（tomato paste）
水1杯
壓碎的番茄1杯
紅酒½杯
巴薩米克醋¼杯
紅糖1湯匙
新鮮荷蘭芹或羅勒，切碎

❶ 義式肉丸作法：材料全部裝進大碗，用手攪勻，確認麵包粉均勻混進食材。放進冰箱冰30分鐘，捏出高爾夫球大小的肉丸。

❷ 大鍋開中大火，加¼杯橄欖油，下肉丸煎到表面顏色變深，一次數顆，油不夠再補。（肉丸最後浸醬汁才會全熟。）

❸ 紅酒醬作法：開中火，下洋蔥、大蒜、甜椒和番茄嫩煎，直到洋蔥顏色變透明。

❹ 將其他食材按照左邊順序下鍋，第一種食材完全沒入醬汁以後再放第二種。

❺ 煮醬汁時必須不時攪拌底部，小火煮沸後下肉丸，蓋上鍋蓋溫火慢燉，直到肉丸全熟，約需30-40分鐘。以鹽調味。

大廚提點 麵包粉作法，將口感偏扎實的麵包丟進食物調理機打碎即可。

每份（2顆肉丸淋紅酒醬）含**熱量**449卡 · **脂肪**27克 · **鈉**748毫克 · **碳水化合物**15克 · **纖維**2克 · **蛋白質**33克

嫩肩牛排佐黃芥末醬

我是嫩肩牛排的頭號粉絲，嫩肩部位口感極佳，又比其他部位便宜許多。牛五花和側腹肉很適合用這道食譜的方法料理。

嫩肩牛排450-900克，切除多餘脂肪
橄欖油、鹽、胡椒和糖，牛排調味用
橄欖油1湯匙
蒜末、洋蔥末和荷蘭芹末各1茶匙
花椒粒1茶匙（可混和不同顏色）

黃芥末醬
第戎或全籽芥末醬2湯匙
優格¼杯
蘋果醋1湯匙

1. 烤箱預熱到375度，牛排抹上少許橄欖油、鹽、胡椒和糖。
2. 取一烤箱可用的大深煎鍋，開大火，熱鍋後下牛排，兩面表面煎熟。接著加1湯匙橄欖油，將大蒜、洋蔥、荷蘭芹和花椒粒放在平底鍋邊緣，煮幾秒鐘，直到花椒粒開始膨脹，變得油亮。
3. 將深煎鍋放進烤箱，烤成你要的熟度，約需8-10分鐘（我喜歡三到五分熟）。牛排裝盤靜置，接著做醬汁。
4. 黃芥末醬作法：熱鍋下芥末醬、優格和醋（醋可能濺出鍋外，手上最好拿著鍋蓋以防萬一），攪拌均勻，加鹽和胡椒提味。

順著紋理將牛排切片擺盤，舀一匙黃芥末醬置於牛排上。

大廚秘訣 這道料理不建議使用不沾鍋。

每份（牛排8盎司）含**熱量**448卡・**脂肪**24克・**鈉**160毫克・**碳水化合物**11克・**纖維**0克・**蛋白質**52克
黃芥末醬（2湯匙）含**熱量**21卡・**脂肪**1克・**鈉**239毫克・**碳水化合物**1克・**纖維**0克・**蛋白質**1克

玉米餅佐香煎雞絲

吃膩義大利麵和米飯了沒？來點玉米餅換個口味吧。這道料理外觀美麗，而且步驟很簡單。趕時間的人可以事先將玉米餅麵團準備好，再用現成烤雞，省時又方便。

玉米餅

玉米粉（masa harina）1杯（乾玉米磨成的粉）

鹽1茶匙

紅糖1茶匙

開水¾杯

葡萄籽或芥花籽油1湯匙

香煎雞絲

預煮 煮熟切絲雞肉2杯

洋蔥切薄片½杯

蒜末1湯匙

墨西哥辣椒1根，切細條

小茴香粉1湯匙

葡萄乾¼杯

新鮮香菜切碎2湯匙

墨西哥起司或羊奶起司¼杯（可加可不加）

❶ 玉米餅作法：將油以外的食材裝進碗裡和勻，捏成一顆大球靜置30分鐘，分成8小球，放在掌心壓成厚餅，直徑約7.5-10公分。

❷ 深煎鍋開中大火熱鍋，玉米餅下鍋兩面煎熟，起鍋備用，此時尚未全熟。（玉米餅可以先放冰箱，用餐前再取出加熱。）

❸ 深煎鍋加1湯匙的油，開中大火，一次煎2-3塊玉米餅，煎至兩面焦脆，約需3分鐘。

❹ 香煎雞絲作法：熱鍋加少許油，下煮熟的雞肉、洋蔥、大蒜、墨西哥辣椒和小茴香粉嫩煎。雞絲表面變焦酥之後，加進葡萄乾拌勻關火。放香菜和起司，以鹽和胡椒調味。

每一塊玉米餅鋪上雞絲，剩下的香菜也一併放上去，綴以起司碎塊、少許鹽和萊姆汁。

每份含**熱量**355卡・**脂肪**7克・**鈉**189毫克・**碳水化合物**19克・**纖維**2克・**蛋白質**55克
玉米餅（3塊）含**熱量**276卡・**脂肪**9克・**鈉**1166毫克・**碳水化合物**47克・**纖維**8克・**蛋白質**4克
搭配佐料的營養標示請參考附錄A。

★ 最後再淋上巧克力巴薩米克醋（第288頁），完美收尾。

炙燒牛排

煎一份出色的牛排其實比想像中容易。這道食譜使用糖、鹽和胡椒作牛排的調味料，加一點香菜可以帶出柑橘和鼠尾草的香氣。有空的話多做一份番茄果醬，讓整體味道更加分。

肋眼或菲力牛排（一人份4-6盎司）
鹽、胡椒、糖和香菜粉，牛排調味用
鄉村麵包切厚片，一人數塊麵包
番茄果醬（第284頁）
櫻桃蘿蔔1小顆，切薄片
藍紋或羊奶起司，弄碎
檸檬½顆，榨成汁

❶ 將鹽、胡椒、少許糖和香菜粉均勻抹在牛排上，深煎鍋倒少許油開中火。
❷ 牛排兩面的表面煎熟，轉中火煎成想要的熟度，總共約10-12份鐘。
❸ 麵包兩面刷牛油或橄欖油，下鍋煎酥，或是放進小烤箱烤到兩面變酥脆。

將牛排（整塊或切片皆可）置於烤好的麵包上，舀一匙番茄果醬，加上蘿蔔薄片和起司碎塊點綴。榨幾滴檸檬汁和現磨黑胡椒粒提味。

大廚秘訣 切記先將牛排靜置一會，重新吸飽美味肉汁，再讓好菜上桌。

每份含**熱量**629卡 · **脂肪**20克 · **鈉**1085毫克 · **碳水化合物**66克 · **纖維**4克 · **蛋白質**44克

★ 番茄果醬（第284頁）和牛排是絕佳拍檔。

桃子酸甜醬（第286頁）
可以調和里肌的鹹味。

燒烤里肌佐酸甜醬

這道美味的烤里肌酸中帶甜,正是運動員在激烈特訓過程中最需要的食物。我最喜歡準備北非小米佐黑醋栗(第277頁)搭配燒烤里肌,它能完美襯托里肌酸酸辣辣的口味,又能補充碳水化合物。

桃子酸甜醬(第286頁)2湯匙,另外準備擺盤的量
橄欖油2湯匙
里肌肉450克
鹽、胡椒和糖,做里肌醃料

❶ 取小碗裝酸甜醬和橄欖油各2湯匙,待會替里肌上色。

❷ 先預熱烤肉架,同時將里肌抹上醃料,撒少許鹽、胡椒和糖。

❸ 里肌至少烤到五分熟,約需12-15分鐘,快烤好之前大量刷上步驟1的醬汁,靜置幾分鐘之後切片分裝。

將酸甜醬淋在里肌上,搭配北非小米或烤麵包,再加上你喜歡的配菜一起上桌。

> **大廚秘訣** 排骨也可以仿照辦理,味道不輸里肌。

每份含**熱量**426卡 · **脂肪**17克 · **鈉**1221毫克 · **碳水化合物**40克 · **纖維**3克 · **蛋白質**30克

香料牛排

橫隔膜肉在歐洲風行已久,現在美國餐廳越來越常見,地方肉販也買得到。這道料理香氣濃烈,肉質瘦嫩,紋理分明,略帶嚼勁,適合重口味的醃料與醬汁。如果附近市場買不到橫隔膜肉,可以改用其他低脂瘦肉,譬如牛側腹肉或腹肉。最好吃的牛排是三到五分熟。

橫隔膜肉900克
紅糖1湯匙
粗鹽1茶匙
咖哩粉2茶匙
小豆蔻粉1茶匙
粗粒黑胡椒1茶匙

❶ 切除橫隔膜肉多餘的肥肉。將其他食材裝進小碗混勻,均勻抹在橫隔膜肉上,靜置1小時或放進冰箱過夜。

❷ 深煎鍋倒少許油,開大火,將橫隔膜肉表面煎熟,香料含有糖,會讓表面變得酥脆。

❸ 繼續用深煎鍋煎到想要的熟度,或者將鍋子(烤箱可用)送進400度的烤箱烤熟。煎橫隔膜肉的時間依個人而定,總共不超過12-15分鐘。

完成後靜置3-5分鐘再切片,順著紋理切成薄片,搭配義式玉米餅、馬鈴薯、米飯或沙拉一同享用。

大廚秘訣 橫隔膜肉抹完香料之後,最多可以冷藏3天。

每份含**熱量**389卡・**脂肪**11克・**鈉**598毫克・**碳水化合物**2克・**纖維**0克・**蛋白質**67克

★ 阿根廷芹香醬（第284
頁）是一種酸酸辣辣的青
醬，可以完美襯托牛、雞、
魚肉。

牧羊人火雞肉派

牧羊人派從小吃到大，是撫慰我們心靈的好朋友，這道火雞肉派是改造後的簡易版，火雞絞肉比較清淡，不過仍然保有牧羊人派肉與馬鈴薯的扎實口感。

馬鈴薯900克
牛油1湯匙
牛奶¼杯
肉豆蔻粉、鹽和胡椒各少許
火雞絞肉450克
洋蔥½顆，剁碎
大蒜2瓣，剁碎
番茄1顆，切丁
黑糖蜜或紅糖2湯匙
番茄醬¼杯
低鹽醬油少許

自由搭配佐料（任選，各1茶匙）
肉桂粉、小茴香粉、辣椒粉、香芹鹽和
肉豆蔻

❶ 鍋子裝水將馬鈴薯煮熟，或者調最強火力微波8-10分鐘，直到馬鈴薯變軟為止。接著去皮，切大塊。

❷ 取一大碗，裝馬鈴薯塊、牛油和牛奶，將馬鈴薯搗成泥，加少許肉豆蔻粉、鹽和胡椒調味。馬鈴薯泥若太乾，可以加一點牛奶調和。完成後置於一旁備用。

❸ 取大型深煎鍋開中大火，將火雞肉煎到顏色轉深，加入剩下的食材，蓋鍋轉小火燜10分鐘左右，試試味道，視情況加調味料。

❹ 烤箱預熱至375度，取8吋方形烤盤或9吋圓形烤盤，鋪上火雞肉，再蓋上一層馬鈴薯泥，烘烤20分鐘，或直到馬鈴薯泥變金黃色即可取出。

稍微放涼，佐以現切新鮮香草料或是現磨起司粉，即可上菜。

每份含**熱量**449卡 · **脂肪**4克 · **鈉**486毫克 · **碳水化合物**138克 · **纖維**26克 · **蛋白質**65克

★ 烤全雞適合搭配馬鈴薯泥（第277頁）或鮮蔬義大利麵一起享用。

烤全雞大餐

我當然知道外面店家有賣現成烤全雞,但是自己動手烤就是有種特別的魔力,吃不完的雞肉還可以做成其他美味料理。

全雞1隻(大約2700克)
橄欖油¼杯,分兩次用
胡蘿蔔切大塊1杯
洋蔥1顆,切大塊
大蒜4-6瓣,去皮壓碎
新鮮荷蘭芹切碎½杯

自由搭配佐料
馬鈴薯、甜菜根、防風草根和
(或)蕪菁,切大塊

❶ 烤箱預熱至350度,如果烤盤太大可以將烤架移走。

❷ 全雞稍微刷一點橄欖油,均勻抹上粗鹽和胡椒,取一深烤盤裝全雞,雞胸朝上。

❸ 取碗裝胡蘿蔔、洋蔥、大蒜和荷蘭芹(還有其他佐料),加進剩下的橄欖油,撒粗鹽和胡椒調味。將蔬菜擺在全雞周圍,取錫箔紙包好,烘烤1小時。

❹ 拆掉錫箔紙,稍微攪拌一下周圍蔬菜,將烤盤中的油澆在全雞上,重新包好錫箔紙,再多烤20分鐘。

❺ 拆掉錫箔紙,澆油,不包錫箔紙直接送進烤箱,直到雞肉完全熟透,總共約烤90分鐘。屆時滲出來的肉汁顏色透明、不帶血水,雞皮會烤得酥脆金黃,而雞肉則是軟嫩多汁。

稍微放涼再下刀分食。

每份含**熱量**324卡 · **脂肪**19克 · **鈉**179毫克 · **碳水化合物**8克 · **纖維**2克 · **蛋白質**31克
搭配佐料的營養標示請參考附錄A。

★★★

我們了解，偶爾放縱一下的感覺超棒。所以特地收錄幾道極品甜點，滿足你的另一個胃。甜點可以在正餐之後上桌，或者在整日魔鬼訓練後，為身體迅速補充大量卡路里。

甜點向來被世人所責怪，不僅高糖高油，而且一不小心就會吃太多，這些看似缺點的特質，其實很符合大量運動後的需求。理解這一點，再加上有些人真的會在騎車之後偷塞點心，我們決定使用大量水果。下次你需要來點甜食提振士氣，不妨試試畢朱的巧克力麵包布丁或零麵粉巧克力蛋糕。

說歸說，許多與我們合作的運動員十分注重飲食，如果你和他們一樣，不妨仿效他們運動後的點心：一碗新鮮水果、莓果加優格，淋蜂蜜，再撒一把畢朱的熱門配方——烘焙綜合堅果。

甜點DESSERTS

Ⓥ **素食**
Ⓖ **無麩質**

米奶昔

騎完車最適合來杯米奶昔補充體力，奶昔加入米飯可以增加濃度。你也可以在冰箱
庫存一串熟成香蕉，用香蕉代替米飯打成奶昔。

<table>
<tr><td>預煮</td><td>煮熟米飯1又¼杯
優格¼杯
牛奶½杯

香蕉1根
或
Nutella巧克力醬2湯匙
或
草莓½杯

自由搭配佐料
蛋白素
多一點牛奶調整濃度</td><td>❶ 所有食材放進攪拌器打勻，加牛奶或冰塊調成
想要的濃度。</td></tr>
</table>

香蕉含**熱量**221卡·**脂肪**1克·**鈉**60毫克·**碳水化合物**49克·**纖維**2克·**蛋白質**6克
巧克力醬含**熱量**277卡·**脂肪**6克·**鈉**69毫克·**碳水化合物**47克·**纖維**2克·**蛋白質**7克
草莓含**熱量**179卡·**脂肪**1克·**鈉**60毫克·**碳水化合物**38克·**纖維**2克·**蛋白質**6克

水果佐薑霜

新鮮水果和莓類是很棒的家常點心，不妨配上一團薑霜，挑戰全新口感。接骨木花利口酒（St. Germain）是一種帶有莓類清香和生薑香氣的接骨木酒。

綜合新鮮莓類和其他水果（香蕉、芒果、奇異果）1杯，洗淨
全脂鮮奶油1杯
接骨木花利口酒1湯匙（見大廚提點）
新鮮生薑剁碎或磨碎，1茶匙

❶ 水果太大可以切片備用。
❷ 使用電動攪拌器將鮮奶油打到發泡，加入利口酒和薑末混勻，試試味道。想要吃甜一點可以多加利口酒或糖。

舀一勺奶霜放在水果上，附幾片義式脆餅或甜餅乾一起享用。

大廚提點 手邊沒有利口酒可以改用1湯匙的蜂蜜替代。

每份（½杯）含**熱量**224卡·**脂肪**23克·**鈉**24毫克·**碳水化合物**4克·**纖維**0克·**蛋白質**0克
以上是薑霜的營養標示，其他水果請參考附錄A。

桃子佐香脆麥片

這道點心主打新鮮香甜的桃子，也可以換成蘋果或當季鮮果。根據水果的甜度調整紅糖的分量。

新鮮桃子2杯，去皮切片
麵粉½杯（中筋麵粉或無麩質麵包預拌粉）
燕麥片½杯
紅糖¼杯
牛油½杯

自由搭配佐料
核桃和（或）水果乾切碎，¼杯
肉桂粉1茶匙

❶ 烤箱預熱至375度，取烤箱可用的2公升大碗，稍微刷一點牛油，將桃子片平鋪在盤上。

❷ 取碗裝麵粉、燕麥片、紅糖和牛油（牛油可用叉子切），其他佐料一併加入。

❸ 將步驟2的混料平均鋪在桃子上，送進烤箱直倒燕麥片變脆、桃子變軟為止，約需25-35分鐘。

趁熱上桌，挖一匙冰淇淋或淋上黑糖蜜搭配享用。

每份含**熱量**271卡．**脂肪**16克．**鈉**156毫克．**碳水化合物**31克．**纖維**3克．**蛋白質**3克
搭配佐料的營養標示請參考附錄A。

剩飯米粒布丁

剩飯做成的米粒布丁非常經濟實惠，不一會兒工夫就能完成。米粒布丁要靜置數小時後才是最佳食用時間，如果等不了那麼久，你也可以加大分量，吃不完放到隔天，就能嘗到最好吃的布丁。

牛奶2杯（任何種類皆可）
蛋黃3顆
預煮 煮熟米飯2杯（見大廚提點）
紅糖2湯匙
香草精¼茶匙

自由搭配佐料
愛吃的水果乾或堅果類，每種各2湯匙
肉桂粉、肉豆蔻粉或多香果粉
南瓜泥或馬鈴薯泥、優格、蘋果醬或
水果果醬¼杯

瓦斯爐作法

❶ 取中型平底鍋，將牛奶和蛋黃打勻，開小火煮沸，溫火慢燉。

❷ 加入米飯、紅糖和香草精攪拌，撒少許鹽和其他佐料（見左欄），溫火慢燉幾分鐘，或直到鍋裡食材變濃稠，即可從爐上移開放涼。

微波爐作法

❶ 取大碗裝牛奶、蛋黃、米飯、紅糖和香草精，大碗加蓋，開大火力微波1又½分鐘。

❷ 充分拌勻，撒少許鹽和其他佐料，繼續微波1-2分鐘即可取出放涼。

每份含**熱量**208卡．**脂肪**5克．**鈉**125毫克．**碳水化合物**30克．**纖維**2克．**蛋白質**12克
搭配佐料的營養標示請參考附錄A。

巧克力麵包布丁

麵包布丁沒有標準作法，突然需要甜點的時刻很能派上用場。放一段時間的麵包是做布丁的最佳選擇，如果麵包偏軟嫩，布丁可能會變得太濕潤。

麵包切丁2杯
蛋4顆，稍微打散
糖¼杯
杏仁奶½杯
巧克力豆½杯，加熱融化
香草精1湯匙
少許肉桂粉
香蕉切塊½杯

❶ 烤箱預熱至350度，取9吋圓形烤盤塗滿牛油。

❷ 麵包以外的食材全裝進大碗混勻，再下麵包均勻浸濕，約需10分鐘。如果麵包吸乾沾料，可再加一點牛奶。

❸ 麵包充分浸濕後，整碗倒進烤盤，烤30-45分鐘，或者直到牙籤戳進中心，取出後仍是乾淨的即可。

將麵包布丁切好分裝至小碗中，擺上新鮮水果，香甜上桌。

大廚秘訣 介紹麵包布丁最簡單的作法，準備一種愛吃的法式吐司麵糊，加進麵包丁，充分浸濕後加進水果，送進烤箱直到布丁定型即可。

每份含**熱量**215卡‧**脂肪**11克‧**鈉**94毫克‧**碳水化合物**23克‧**纖維**1克‧**蛋白質**4克

簡易義式半凍冰糕

大部分的果汁冰糕都是用冰淇淋機做成，可是冰淇淋機很貴，放在家裡一年用不到幾次。所以不如試試我們的半凍冰糕，只要家裡有攪拌器或小型食物調理機就做得出來。

自製簡易糖漿¼杯（見底下說明）
新鮮水果1又½杯
檸檬汁1茶匙

簡易糖漿
愛吃的糖蜜¼杯（蜂蜜、龍舌蘭花蜜、
楓糖漿或果醬）
溫水¾杯

建議配料
香蕉和草莓
橙肉哈密瓜和生薑
小黃瓜和新鮮羅勒
芒果和覆盆子
桃子和薄荷葉

❶ 楓糖作法：將糖蜜和水攪勻，試試味道，依個人口味增加甜度。

❷ 所有食材放進攪拌器或小型食物調理機，打成細緻的沙狀。完成後倒進塑膠容器，蓋上蓋子放進冰箱冷凍幾小時，或者直接冰整夜。

每份含**熱量**90卡‧**脂肪**0克‧**鈉**2毫克‧**碳水化合物**23克‧**纖維**2克‧**蛋白質**1克

天使蛋糕

天使蛋糕是一款賞心悅目的低脂甜點，吃法很多種，可以滿足每個人的甜點胃。你可以買現成的蛋糕或是自己動手做，從無到有其實只要三步驟。

麵粉1杯

玉米澱粉（cornstarch）1湯匙

糖粉¾杯

蛋白12顆，存放於室溫

鹽¾茶匙

塔塔粉1又½茶匙

香草精或杏仁精1茶匙

當季莓果或水果，切成一口大小

牛奶

① 烤箱預熱至350度，將麵粉、玉米澱粉和½杯糖粉混合過篩備用。

② 取電動攪拌器將蛋白和鹽打成泡狀，加入塔塔粉打成濕性發泡，再加進剩下的¼杯糖粉，打到變固狀。奶霜完成後有一定的濕度，閃著漂亮的光澤，加入香草精拌勻。

③ 將麵粉慢慢倒進奶霜，拌勻後取一個中空蛋糕模，不必抹油，將麵糊舀進模裡，烘烤30-35分鐘。完成後拿瓶子塞進烤模中空處，讓蛋糕倒扣放涼。

將蛋糕切成8塊，取碗分裝，蛋糕上放新鮮水果點綴。可以試試加牛奶和蜂蜜一起享用。

每份含**熱量**144卡・**脂肪**0克・**鈉**297毫克・**碳水化合物**28克・**纖維**1克・**蛋白質**7克
此為包含1杯藍莓的營養標示。

獻出你珍藏的美酒，讓巧克力美味再加分！白蘭地、佩諾茴香酒、華冠香甜酒、杏仁酒或傑克丹尼爾威士忌皆可。★

零麵粉巧克力蛋糕

這道甜點是許多自行車手的最愛，包括蘭斯‧阿姆斯壯和他的好友約翰‧柯里歐斯（John Korioth）也是頭號粉絲。分量滿載的巧克力釋出美酒香氣，帶你品嘗幸福的滋味。

半糖巧克力豆2杯
無鹽牛油1杯（2條）
酒類¼杯
大顆蛋10顆
糖¼杯
香草精1茶匙
鹽½茶匙
辣椒少許

1. 烤箱預熱至325度，取12杯分的馬芬烤模，抹上牛油，或放進12個蛋糕錫箔紙。
2. 取雙層鍋，底層鍋裝滿水，或者取小平底鍋，水裝半滿。開小火將水煮沸。
3. 將巧克力豆、牛油和酒加進上層鍋，或取一鍋碗放入平底鍋，裝上述食材隔水加熱。一旦巧克力豆和牛油開始融化，就充分攪拌直到完全混合，變得光滑均勻為止。完成後從爐上移開。
4. 等待巧克力融化的同時，取碗將蛋液打到起泡，加入糖、香草精、鹽和辣椒混合。
5. 舀少許蛋霜加進融化的熱巧克力牛油，快速攪拌以免蛋變熟，一邊攪拌一邊繼續倒入蛋霜，約需三分之一分量，拌到兩者完全混合為止。接著將巧克力牛油倒進剩下的蛋霜，充分攪拌均勻。
6. 將麵糊倒進烤模，五分滿即可，烤15-20分鐘。出爐的蛋糕外表平滑，頂部有小縫隙，內裡密實濕潤。

大廚提點 家裡若沒有雙層鍋，找一個夠大的鋼碗，可以放入平底鍋即可。

蛋糕放涼到可以觸摸的溫度，或直接放進冰箱。開動之前可以先撒點糖霜，擺上水果點綴。

每份含**熱量**439卡‧**脂肪**30克‧**鈉**152毫克‧**碳水化合物**31克‧**纖維**0克‧**蛋白質**5克

★★★

本章將介紹基底食物的備料和料理步驟,許多食材應該很眼熟,譬如羅勒紅醬、披薩麵團、馬鈴薯泥等,畢竟前面的食譜已經做過不少遍了。從這裡開始,你可以嘗試新口味,改變原本的作法或配料,玩出更多新花樣,研發專屬的獨門食譜。

開頭首先介紹一些基本的烹飪技巧和步驟,教你如何做出愛吃的碳水化合物,以及可以事前準備好的常見素材,幫你省下寶貴的時間。從豆類、碳水化合物到麵團,應有盡有。只要找出適合的口味,靠這些食譜就可以做出運動員的三餐基底。

前面的食譜偶爾會附上本章頁數,提供食材和步驟讓你參考。撥出空檔來這裡探索徜徉,平時多準備一些基本配料庫存,生活會過得更加輕鬆,加倍美味,而且營養滿點。學會做基本配料有百益而無一害,況且,你再也不必煩惱要從哪裡生出中看又中用的料理了。

基本配料BASICS

Ⅴ 素食
G 無麩質

MENU

基本烹飪技巧

烤堅果

取生鐵鍋或其他金屬鍋（非不沾鍋），開中大火熱鍋，下堅果，不時攪拌直到堅果變成深咖啡色，約需3-5分鐘。

參考第276頁「烘焙綜合堅果」 ★

* * *

燙青菜

水加鹽煮沸，下青菜直到完全燙熟，趁著青菜尚未老掉，顏色還是翠綠時撈起。接著立刻浸入冰水冰鎮，泡到青菜完全變涼為止。青菜川燙之後可去除酵素，延長保鮮時間。

* * *

番茄與水果去皮

水加鹽煮沸，在番茄底部輕輕劃一個叉，將番茄放在濾勺浸滾水30秒鐘，或是直到番茄皮肉分離，一次一顆。準備一碗冰水，番茄自沸水取出後立刻浸泡冰水，完全冷卻後即可小心將皮剝下。水果亦同。

蛋類

炒蛋：平底鍋倒少許油，開中火熱鍋，打蛋下鍋，數量自訂，持續攪拌蛋液直到凝固成一塊，不再流動為止。加鹽和胡椒調味。

水波蛋：鍋子裝水加少許醋，小火煮沸，將蛋打進小杯子或長柄勺，慢慢將蛋放進滾水，不要撥動，直到蛋白變白，能看見蛋黃為止，約需4-5分鐘。完成後以濾勺或刮鏟將蛋撈起。

水煮蛋：鍋子裝滿水，整顆蛋下水，將水煮沸。3分鐘煮成溏心蛋，10分鐘後蛋黃就會全熟。如果不是馬上要吃，可以先冰進冰箱。否則就沖點冷水，剝殼，放進容器冷卻。

事前備料

馬鈴薯料理

烤箱：馬鈴薯洗淨，以錫箔紙包覆，放進350度烤箱烤1小時，取刀子刺入，沒有沾到馬鈴薯即可。

微波爐：馬鈴薯洗淨，拿叉子到處戳小洞，微波爐強度調到最大，微波8-10分鐘（一顆馬鈴薯只需5-8分鐘，視大小而定）。微波完畢靜置5分鐘，冷卻後剝皮切粗塊，2杯裝一分。

地瓜放烤箱會比馬鈴薯快熟，微波爐則不相上下，基本上還是視大小而定。

* * *

甜菜根料理

烤箱：烤箱處理過的甜菜根，甜味更明顯，也比較不會發生外熟內生的情況。甜菜根洗淨，以錫箔紙包覆，放在烤箱可用的盤子上，撒一點水，調350度烤1小時或直到甜菜根變軟。放涼後用手剝皮。

微波爐：甜菜根洗淨，拿叉子戳幾個小孔，微波8分鐘。翻面繼續微波3-4分鐘，或直到甜菜根變軟。放涼後用手剝皮。

義大利麵料理

水煮：大部分的義大利麵和亞洲麵條都適合水煮。鍋子裝水加少許鹽煮沸，每種麵的烹煮時間不同，煮熟後瀝乾，加點橄欖油以免麵條黏在一起。

事前煮好：Al Dente是義大利文「彈牙」的意思，麵條中心沒有完全熟透，帶有嚼勁。烹煮時間只需包裝標示的四分之三倍，若是給一段時間範圍，則只需該範圍的最小值。到時要用餐時，麵條加熱後就會達到剛好的熟度。

* * *

雞肉料理

水煮：大鍋裝水下雞肉（無骨雞肉、去皮雞肉等），煮沸後小火慢煨10分鐘，關火蓋上鍋蓋繼續悶煮45分鐘。完成後取出雞肉放涼，剝成雞絲或其他需要的大小。

油煎／燒烤：這是比較快的作法，油煎到全熟需20分鐘，放上烤肉架則只要12-15分鐘。

烤箱：雞肉抹橄欖油，加鹽和胡椒，放進400度烤箱，烤20-25分鐘。參考第249頁的烤全雞大餐。 ★

■畢朱特製燕麥粥（第34頁）和鮮果糯米飯（第114頁）都很適合搭配烘焙綜合堅果，食譜請見第273頁。

份數>2
烹調時間> 20分鐘

印度香米

印度香米1杯

水1又½杯

鹽1茶匙

白醋1湯匙

❶ 溫水洗米，洗兩遍（拿碗裝水和米，慢慢將水倒光，完成後再做一次）。

❷ 取一中型鍋子開中大火，將所有食材下鍋煮沸，攪拌後轉小火，蓋鍋密閉，溫火燜煮至水分收乾，約需15分鐘。關火打開鍋蓋，靜置數分鐘。

可煮成2杯香米，搭配任何肉類、魚類和燉肉一起享用。

我們很多道食譜都使用中等晶粒米，比起來香米的飽足感比較小。 ★

每份（1杯）含**熱量**320卡·**脂肪**0克·**鈉**1163毫克·**碳水化合物**70克·**纖維**2克·**蛋白質**8克

份數>4-5
烹調時間> 前一晚泡水
烹煮1又½-2小時

乾豆

乾豆450克（約2杯），如各種紅豆

鹽

❶ 冷水洗淨乾豆後泡水，高度剛好蓋過豆子，放冰箱過夜，至少冷藏2小時。

❷ 將水倒掉，豆子移到大鍋，倒入比豆子高一倍的水，開大火煮沸後轉小火燜煮，直

到豆子變軟，大部分需煮1又½-2小時。料理前要再次以清水洗淨。

可煮成4-5杯。

有機會多使用乾豆，不但能控制鈉的攝取量，味道口感也較優質。 ★

每份（1杯）含**熱量**226卡·**脂肪**1克·**鈉**280毫克·**碳水化合物**40克·**纖維**13克·**蛋白質**16克

份數>4
烹調時間>20分鐘

藜麥

藜麥1杯

水或低鹽高湯2杯

蘋果醋½湯匙

❶ 洗淨藜麥，取一中型平底鍋，所有食材一起下鍋煮沸，關小火蓋上鍋蓋，悶煮到水分幾乎收乾，約需10分鐘。

❷ 關火靜置5分鐘，藜麥煮熟後色澤透明，口感變軟，時間若掌握得當，嚼勁會恰到好處。

加鹽和少許橄欖油或牛油提味，大約可做4杯。

藜麥是種營養穀物，含有豐富蛋白質和8種胺基酸。 ★

每份（1杯）含**熱量**185卡·**脂肪**5克·**鈉**146毫克·**碳水化合物**30克·**纖維**3克·**蛋白質**7克

份數>4
烹調時間>15-40分鐘

義式玉米餅

水4杯（見大廚提點）

鹽½茶匙

即溶玉米餅粉或精製玉米粉（cornmeal）1杯

橄欖油或牛油2湯匙

新鮮羅勒切絲2湯匙

新鮮荷蘭芹剁碎2湯匙

❶ 厚底鍋加水和鹽，開大火煮沸後慢慢倒進玉米餅粉，取木湯匙不時攪拌，煮到變成濃稠的糊狀（即溶粉約需15分鐘，精製粉約30-40分鐘），漸漸脫離鍋子邊緣。

❷ 加入剩下的食材，拌勻關火。

即溶粉的烹調時間比精製粉的一半還短，快去附近超市找找。玉米餅口感可軟可硬，喜歡吃軟的就直接拿深一點的盤子盛裝上桌，喜歡硬的就放進冰箱冰過夜。將玉米餅切呈長條狀，可以打包帶在路上吃。

大廚提點 可以改成2杯水加2杯低鹽雞高湯或蔬菜高湯。

每份（1杯）含**熱量**170卡・**脂肪**8克・**鈉**302毫克・**碳水化合物**24克・**纖維**3克・**蛋白質**3克

份數>8
烹調時間> 15分鐘
★ 照片請見第196頁與199頁。

餃皮麵團

麵粉3杯

鹽½茶匙

肉桂粉½茶匙（可加可不加）

冷凍牛油⅔杯，切成1.3公分方塊

冷水½杯

❶ 將麵粉、鹽和肉桂粉放進小型食物調理機攪勻，再加牛油塊，打到完全混勻。

❷ 混好的食材倒進大碗，小量分批加進冷水，取刮鏟翻攪麵團，同時加進其他食材。混勻後視麵團情況加水或麵粉，達到理想的派皮麵團軟硬度。

可做6-8顆阿根廷餡餃。

平時放進冰箱冷藏。 ★

每份（¹⁄₈份餃皮）含**熱量**305卡・**脂肪**16克・**鈉**149毫克・**碳水化合物**36克・**纖維**5克・**蛋白質**5克

份數24
烹調時間> 10分鐘

烘焙綜合堅果

杏仁條1杯

松子1杯

原味椰子絲1杯

黑醋栗或葡萄乾½杯

❶ 取生鐵鍋或其他金屬鍋（非不沾鍋）開中大火熱鍋，下杏仁條和松子，持續攪拌倒松子變成深咖啡色，約需3-5分鐘。

❷ 關火，加椰子絲和黑醋栗下去攪拌，完成後從爐上移開。

大約可做3杯，放進密封容器，存放於冰箱或櫥櫃。

大廚秘訣 食材也可以換成手邊的其他堅果，盡量使用無鹽無糖的食材。

每份（2湯匙）含**熱量**137卡・**脂肪**11克・**鈉**3毫克・**碳水化合物**9克・**纖維**2克・**蛋白質**5克

份數>8
烹調時間> 準備15分鐘
發酵1小時
烤12-15分鐘

披薩麵團

這是我最愛的披薩餅皮食譜,超速成超簡單,烤出來的麵皮又薄又脆,完美陪襯麵皮上的當季食材(見207-210頁的披薩食譜)。越做越上手之後,可以改用全麥麵粉、鷹嘴豆麵粉或杏仁粉。

溫的自來水1杯
活性乾酵母1包(將近1湯匙)
糖½茶匙
中筋麵粉3杯,另外準備撒在檯面的分量
橄欖油2湯匙
粗鹽1茶匙
玉米粉(cornmeal)少許,用來撒在烤盤或烤板上(可加可不加)

❶ 取一大碗裝水、酵母和糖,輕輕拌勻後靜置5分鐘或直到變成泡沫狀。

❷ 拌入2又½杯麵粉、1湯匙橄欖油和鹽,攪拌後麵團黏性增強。

❸ 在平面上撒麵粉揉麵團,同時將剩下的麵粉分批加進去,慢慢揉成質地均勻、不黏手、具彈性的麵團。

❹ 取一大碗裝剩下的橄欖油,抹勻碗的表面,將麵團放進碗裡讓表面均勻沾上橄欖油。取沾濕的布料蓋住碗,放在溫熱的地方發酵,直到發成兩倍大

小,約需1小時。(若沒時間等發酵,沾完油就可以直接取出使用。做出來的麵皮會更薄更脆,美味不打折。)

❺ 將麵團分成兩球,在撒了麵粉的平面上取桿麵棍或酒瓶將麵團桿開,必要時撒些麵粉,翻面一、兩次,將麵團由內往外桿平。

❻ 在烤盤或烤板上撒玉米粉,麵皮移到上面,擺好愛吃的配料,烤箱調成400度,烤到麵皮底部稍微變金黃色,約需12-15分鐘。

可做2份10吋披薩。

大廚秘訣 剩下的麵團冰冷凍,要吃的時候置於室溫退冰即可。

每份含**熱量**200卡 · **脂肪**4克 · **鈉**292毫克 · **碳水化合物**36克 · **纖維**1克 · **蛋白質**2克

份數>2
烹調時間> 10分鐘

米沙拉

預煮 煮熟米飯3杯

橄欖油¼杯

胡蘿蔔切碎¼杯

新鮮荷蘭芹切碎¼杯

帕瑪森起司粉¼杯

自由搭配佐料（任選，分量皆¼杯）

新鮮甜玉米粒

甜椒，切碎

小黃瓜，切碎

葡萄乾

❶ 所有食材裝大碗混勻，加少許檸檬汁、鹽
　 和胡椒調味。

搭配魚肉料理或口味清淡的肉類一起享用。

每份含**熱量**578卡・**脂肪**31克・**鈉**222毫克・**碳水化合物**67克・**纖維**2克・**蛋白質**9克
搭配佐料的營養標示請參考附錄A。

份數>2
烹調時間> 10分鐘

地中海風米沙拉

預煮 煮熟米飯3杯

橄欖油¼杯

胡蘿蔔切碎¼杯

新鮮羅勒切碎¼杯

費達起司碎塊¼杯

櫻桃番茄½杯

紅洋蔥切碎¼杯

自由搭配佐料

煮熟或罐裝鮪魚½杯

煮熟或罐裝眉豆½杯，洗淨

❶ 所有食材裝大碗混勻，加少許檸檬汁、鹽
　 和胡椒調味。

冰涼上桌，搭配燒烤肉類或魚肉一起享用。

每份含**熱量**583卡・**脂肪**31克・**鈉**198毫克・**碳水化合物**70克・**纖維**3克・**蛋白質**8克
搭配佐料的營養標示請參考附錄A。

份數> 2
烹調時間> 15分鐘

藜麥沙拉

預煮 煮熟藜麥3杯，放涼

煮熟或罐裝黑豆1杯

甜椒切碎1杯

辣椒剁碎1湯匙

荷蘭芹切碎½杯

橄欖油¼杯

西南風調味粉（Southwestern seasoning）或
墨西哥香料粉2茶匙

檸檬1顆，榨成汁

❶ 所有食材裝大碗混勻，加鹽和胡椒調味。
　 放涼好讓味道混勻，撒上香菜末點綴。

搭配雞或魚一同享用。

每份含**熱量**535卡・**脂肪**31克・**鈉**610毫克・**碳水化合物**53克・**纖維**12克・**蛋白質**15克

小米沙拉

小米也是一種古老的「超級穀物」，富含多種營養物質，口感也與其他穀物不同。小米帶有堅果香味，口感稍脆，與肉類、雞肉和魚類十分對味。

小米1杯
水3杯
原味優格½杯
檸檬1顆，榨成汁
番茄切碎1杯
胡蘿蔔和小黃瓜切碎，各½杯
新鮮細香蔥和荷蘭芹切碎，各¼杯
綠橄欖切碎¼杯

1. 烘焙小米作法：大型深鍋開中大火，取木湯匙持續攪拌小米，直到顏色變金黃色。

2. 小心倒入3杯水，攪拌一次就好，蓋上鍋蓋轉小火，燜煮30分鐘，不時攪拌以免結成硬塊。水分完全收乾後即可從爐上移開放涼，蓋子不必掀開。

3. 將煮熟的小米與其他食材混和，加橄欖油、鹽和胡椒調味。

大廚秘訣 趁著小米燜煮或放涼的時候，再將蔬菜切碎，可以節省一些時間。

每份含**熱量**450卡・**脂肪**13克・**鈉**722毫克・**碳水化合物**79克・**纖維**7克・**蛋白質**13克

CARBS

份數> 2
烹調時間> 10分鐘

北非小米佐黑醋栗

北非小米1又½杯

鹽少許

橄欖油1湯匙

黑醋栗、葡萄乾或其他水果乾2湯匙

新鮮荷蘭芹2湯匙

大蒜1小瓣，剁碎

松子或其他堅果切碎2湯匙

❶ 將2杯水煮沸，將北非小米和鹽巴裝進耐
熱的碗裡，倒入沸水，充分攪拌後將碗蓋
住，靜置5分鐘。

❷ 小米靜置的同時，大平底鍋加橄欖油熱
鍋，下黑醋栗、荷蘭芹、蒜末和松子，以
中火拌炒2-3分鐘，加入北非小米，小心
拌勻所有食材，加鹽和胡椒調味。

可做4-5杯小米。

**北非小米是一種方便又速成的義大利麵，可
搭配豬雞鴨魚或蛋一起享用。** ★

每份含**熱量**500卡·**脂肪**15克·**鈉**468毫克·**碳水化合
物**75克·**纖維**6克·**蛋白質**16克

份數> 2
烹調時間> 20分鐘

馬鈴薯泥

馬鈴薯450克

新鮮香草料（荷蘭芹、羅勒、百里香、細香蔥
等）切碎1小把

新鮮蔬菜切碎（胡蘿蔔、甜椒、芹菜、大蒜
等）共1杯

橄欖油2-4湯匙，依照馬鈴薯煮完的濕潤度而
定

❶ 將馬鈴薯裝進可微波的碗，微波8-10分
鐘，直到叉子可以輕易切開為止。放涼後
去皮（可去可不去），切成小塊。

❷ 加入其他食材，用手攪勻，加鹽和胡椒調
味。

搭配燒烤或烘烤肉類一同享用，大約可做3杯
馬鈴薯泥。

**新鮮蔬菜和香草料讓馬鈴薯泥口感更豐富清
爽。** ★

大廚秘訣 若是在訓練過後吃，可以不必去
皮。

每份含**熱量**480卡·**脂肪**21克·**鈉**192毫克·**碳水化合
物**70克·**纖維**10克·**蛋白質**9克

CARBS

荷蘭芹青醬速成義大利麵

我常會用荷蘭芹（用羅勒或九層塔也可以）做簡易青醬，適合搭配粗麵條或長麵條。

新鮮荷蘭芹切粗段1杯
大蒜1瓣，切碎
橄欖油2湯匙，準備額外分量以免青醬太
濃稠需要稀釋
帕瑪森起司粉2湯匙
檸檬½顆，榨成汁
鹽$\frac{1}{8}$茶匙
預煮 煮熟義大利麵2杯，溫熱或室溫皆可

自由搭配佐料
紅辣椒片1茶匙
白酒醋1湯匙

❶ 義大利麵以外的食材放進食物調理機或攪拌器，打成粗粒狀，如果太濃稠就再加一點橄欖油。試試味道，調整口味。
❷ 取大碗裝義大利麵和青醬。

搭配雞肉或牛排享用，大約可做½杯青醬。

大廚秘訣 葉子呈扁平狀的的義大利荷蘭芹香氣濃烈，不過你還是可以使用捲曲狀葉片的荷蘭芹，比較容易在超市買到。

每份含**熱量**302卡．**脂肪**16克．**鈉**268毫克．**碳水化合物**32克．**纖維**6克．**蛋白質**8克

CARBS

羅勒紅醬

在我看來，色彩明亮又新鮮的蔬果切塊才能做出第一等的紅醬，我做這道紅醬就是為了要大吃當季的新鮮蔬果。醬汁可做義大利麵醬或是鮮湯。

橄欖油2湯匙

大蒜切碎1湯匙

洋蔥2顆，切碎

綜合義大利香草乾料2湯匙，包括羅勒（或九層塔）、奧勒岡和荷蘭芹

番茄糊½杯

巴薩米克醋¼杯

紅酒½杯

熟成番茄4顆，切小塊

新鮮羅勒¼杯

預煮 煮熟義大利麵4杯

自由搭配佐料（切碎或剁成碎末）

胡蘿蔔

甜椒

新鮮荷蘭芹

❶ 取一深鍋（非鋁製）開中火熱橄欖油。

❷ 加入蒜末拌炒，再加入洋蔥拌炒。下香草乾料、番茄糊、醋和酒攪拌，最後下番茄塊拌勻。小火煮沸後，火再關小一點，讓水分慢慢收乾變濃稠。

❸ 加入羅勒和其他佐料，再次攪拌，以鹽、胡椒和少許黑糖蜜或紅糖調味。

❹ 取大碗裝義大利麵和紅醬。

大約可煮4杯紅醬。

CARBS

大廚秘訣 用紅酒、高湯或水調整醬汁濃度。醬汁煮稀一點可以直接當成番茄湯，搭配酥脆麵包一同享用。

每份含**熱量**383卡・**脂肪**9克・**鈉**114毫克・**碳水化合物**61克・**纖維**7克・**蛋白質**11克
搭配佐料的營養標示請參考附錄A。

馬鈴薯餅

馬鈴薯泥裹滿麵包粉下鍋油煎，外皮金黃酥脆，內餡飽滿熱騰騰。馬鈴薯餅作法和使用瑞士起司的地瓜煎餅（第51頁）稍有不同，但是美味程度絲毫不遜色。打包一塊馬鈴薯餅當午餐，或是當成下次騎車的補給品吧。

預煮 去皮煮熟馬鈴薯2杯，搗成泥放涼

蛋黃2顆

新鮮荷蘭芹切碎1湯匙

帕瑪森起司粉2湯匙

鹽和胡椒各$\frac{1}{8}$茶匙

羊奶起司弄碎2湯匙

蛋水：蛋1顆，打散加點水混和

麵包粉或日式麵包粉¾杯

葡萄籽或芥花籽油1湯匙

① 取大小適中的碗將馬鈴薯泥、蛋黃、荷蘭芹、起司粉、鹽和胡椒攪勻，放進冰箱冷藏1小時。

② 將混好的馬鈴薯泥捏成圓餅或橢圓餅狀，寬7.5或10公分，厚1.3公分。中心塞幾塊羊奶起司。

③ 馬鈴薯餅沾蛋水，裹滿麵包粉。

④ 平底鍋倒油，開中大火油煎馬鈴薯餅，一次2-3塊，底部呈金黃色即可翻面，約需6-8分鐘。第二面同樣煎成金黃色之後，取盤子鋪紙巾吸油。煎其他餅的同時，將煎好的馬鈴薯餅蓋起來，以免涼掉。

附上冰涼優格醬或愛吃的果醬一起享用，大約可做4塊馬鈴薯餅。

每份含**熱量**268卡・**脂肪**10克・**鈉**264毫克・**碳水化合物**36克・**纖維**3克・**蛋白質**9克

CARBS

鹹麵包布丁

綜合蔬菜切碎1杯（蘑菇、芹菜、韭菜或洋蔥）

麵包丁2杯

牛奶½杯

蛋4顆，打散

肉豆蔻粉1茶匙

瑞士起司刨絲¼杯

海鹽或現磨黑胡椒粒少許

❶ 烤箱預熱至375度，蔬菜加少許牛油下鍋嫩煎，置於一旁稍微放涼。

❷ 所有食材裝進碗裡，讓麵包浸10分鐘左右。

❸ 8吋方形烤盤稍微抹油，將碗裡食材倒進烤盤，烤30-45分鐘，直到牙籤戳進去沒有沾到麵糊為止。

搭配烤雞或烤火雞一同享用，也可以換成沙拉。

每份含**熱量**174卡·**脂肪**12克·**鈉**149毫克·**碳水化合物**9克·**纖維**2克·**蛋白質**7克

★ **照片請見第200頁。**

辣味黑豆

橄欖油2湯匙

洋蔥½顆，切碎

塔可調味料2湯匙

小茴香粉、肉桂粉、黑胡椒粉和辣椒粉，手邊有的就各取1茶匙

黑豆罐頭1個（450克），洗淨瀝乾

新鮮荷蘭芹切碎

萊姆汁

❶ 中型平底鍋倒油，開中大火拌炒洋蔥，炒到顏色開始變深，約需3-5分鐘。

❷ 加入乾香料拌炒幾秒鐘後關小火，加入黑豆和荷蘭芹拌勻，上桌前擠點萊姆汁。

大廚秘訣 有時間的話，使用乾豆食譜（第272頁）處理過的黑豆。

每份含**熱量**329卡·**脂肪**15克·**鈉**903毫克·**碳水化合物**75克·**纖維**14克·**蛋白質**15克

★ **照片請見第131頁。**

辣味高麗菜沙拉

萊姆汁1湯匙

蘋果醋¼杯

紅糖½湯匙

猶太鹽1茶匙

紫色高麗菜¼顆，切細絲

綠色高麗菜¼顆，切細絲

墨西哥辣椒½，剁碎

香菜葉1小把

❶ 將萊姆汁、醋、紅糖和鹽裝進小碗混勻。

❷ 高麗菜絲、辣椒和香菜裝進大碗混勻，淋上沙拉醬拌勻。

放進塔可餅、漢堡或捲餅一同享用。

每份含**熱量**10卡·**脂肪**0克·**鈉**583毫克·**碳水化合物**3克·**纖維**1克·**蛋白質**1克

CARBS

蘋果醋1湯匙

青辣椒剁碎1茶匙

① 蜂蜜醬汁作法：所有食材放進碗裡拌勻，加鹽調味。

② 將蔬菜和香蕉裝進沙拉碗，加入蜂蜜醬汁攪拌，喜歡芝麻的可以撒一點做裝飾。

米飯類或燒烤雞肉都很搭，也可包進捲餅。

香蕉用途超廣又方便料理，從新鮮沙拉、肉類到海鮮料理都可以全包。 ★

每份含**熱量**306卡 · **脂肪**14克 · **鈉**198毫克 · **碳水化合物**48克 · **纖維**2克 · **蛋白質**3克

份數> 4
烹調時間> 5分鐘
★ 照片請見第200頁。

苦味生菜

苦味生菜2杯，杯子不必壓滿，
洗淨，依個人喜好切菜
檸檬1顆，榨成汁
粗鹽1茶匙
蘋果醋½湯匙（依需求增量）
紅糖½茶匙

① 所有食材拌勻，靜置幾分鐘讓味道互相融合，試試味道，如果口味太強烈，可加少許橄欖油中和。

可陪襯魚肉或雞肉料理，當成墨西哥捲餅或萵苣捲的餡料，或搭配口味較重的料理，帶出清爽口感。

我最喜歡的蔬菜是羽衣甘藍、甜菜、蒲公英菜、芥菜和芥藍菜葉。質地較厚實的蔬菜浸泡時間也較長。 ★

每份含**熱量**9卡 · **脂肪**0克 · **鈉**646毫克 · **碳水化合物**2克 · **纖維**1克 · **蛋白質**1克

份數> 2
烹調時間> 5分鐘
★ 照片請見第220頁。

綜合蔬菜

綜合蔬菜3杯，杯子不必壓滿
香蕉2根，切片
黑芝麻籽少許（可加可不加）

蜂蜜醬汁
蜂蜜2湯匙
橄欖油2湯匙

份數> 4
烹調時間> 10-20分鐘

莎莎醬

我做了兩種莎莎醬，一種新鮮保留原味，另一種炭烤增添香氣。兩種莎莎醬的作法都很簡單，比外面賣的好吃一百倍。正處於賽季巔峰的自行車手可能要將番茄去皮，比較好消化。（請見第270頁「番茄和水果去皮教學」。）

熟成番茄3-4顆
墨西哥辣椒或其他中等辣度辣椒2-3根
小顆洋蔥1顆
萊姆1顆榨成汁，或蘋果醋1湯匙
香菜切碎1小把
鹽
橄欖油2湯匙（炭烤用）
紅糖或蜂蜜1茶匙（可加可不加）

莎莎鮮醬 ★ 照片請見第134頁
❶ 將番茄、辣椒和洋蔥以攪拌器打碎或菜刀切碎。加萊姆汁、香菜和鹽調味。

炭烤莎莎醬 ★ 照片請見第131頁
❶ 番茄、辣椒和洋蔥全抹上橄欖油，大火烘烤直到外皮變黑。可使用烤肉架、平底鍋或烤箱。烤完後取出放涼，放進攪拌器或調理機打碎，也可直接用菜刀切碎，打出來的菜汁一併保留。加萊姆汁、香菜和鹽調味。

FLAVORS

莎莎鮮醬含**熱量**47卡・**脂肪**1克・**鈉**159毫克・**碳水化合物**12克・**纖維**2克・**蛋白質**2克
炭烤莎莎醬含**熱量**106卡・**脂肪**7克・**鈉**159毫克・**碳水化合物**12克・**纖維**2克・**蛋白質**2克
搭配佐料的營養標示請參考附錄A。

份數 > 2
烹調時間 > 5分鐘
★ 照片請見第132頁。

墨西哥莎莎醬

大顆番茄1顆，切丁
墨西哥辣椒1根（切掉蒂頭，保留辣椒籽），
剁碎
洋蔥½顆，切丁
香菜1小把，切碎
萊姆汁

❶ 所有食材放進食物調理機或切碎機打碎，
　加萊姆汁和鹽調味。

可做塔可餅、墨西哥捲餅和蛋類料理的醬
汁。大約可做1杯莎莎醬。

每份（½杯）含**熱量**37卡·**脂肪**0克·**鈉**302毫克·**碳
水化合物**10克·**纖維**4克·**蛋白質**2克

份數 > 8
烹調時間 > 10分鐘
★ 照片請見第245頁。

阿根廷芹香醬

橄欖油½杯
荷蘭芹1束，洗淨甩乾或拍乾
熟成番茄½顆
墨西哥辣椒½根（或紅辣椒片1湯匙）
大蒜1瓣
蘋果醋或白醋½杯
紅糖或蜂蜜1茶匙
檸檬或萊姆1顆，榨成汁

❶ 所有食材放進食物調理機或切碎機，打到
　顆粒細致均勻，比一般青醬稍微稀薄的程

度，如果醬汁太濃稠，加醋或檸檬／萊姆
汁調節。加鹽和胡椒調味。

可做雞肉、魚肉或牛排的醬汁，大約可做1
杯，冷藏可保存3-4天。

**阿根廷芹香醬屬於偏油帶酸的青醬，由乾燥
或新鮮香草料製成，常見於加勒比海或南美
料理。我的芹香醬是比較簡單的荷蘭芹酸醋
醬。**★

每份（2湯匙）含**熱量**124卡·**脂肪**14克·**鈉**73毫克·
碳水化合物2克·**纖維**0克·**蛋白質**0克

份數 > 8
烹調時間 > 1-1又½小時
★ 照片請見第199頁。

番茄果醬

番茄900克，切碎（約8-10顆中型番茄）
糖1杯
墨西哥辣椒剁碎2湯匙
黑糖蜜2湯匙

❶ 將所有食材下鍋，加水，開中火，蓋鍋悶
　煮到食材變濃稠、顏色變深為止，約需
　1-1又½小時，過程需不時攪拌，完成後從
　爐上移開。
❷ 煮好的醬倒進攪拌器或食物調理機，迅速
　打散，讓質地變均勻。

可做1-1又½杯果醬，放入密閉容器，最多可
冷藏10天。

**番茄果醬帶有些許甜味和土壤芳香，可做燒
烤雞肉或牛排的沾醬。**★

每份（2湯匙）含**熱量**136卡·**脂肪**0克·**鈉**15毫克·**碳
水化合物**34克·**纖維**2克·**蛋白質**1克

FLAVORS

份數> 12
烹調時間> 20分鐘　　★ **照片請見第66頁。**

西班牙甜椒杏仁醬

甜椒杏仁醬是西班牙沿海地區的經典醬料，使用一堆迷人的食材，從烤杏仁到散發鄉村氣息的鯷魚應有盡有，這是我自己調配的版本。其實只要有烤麵包、杏仁條、鯷魚、橄欖油和鹽就可以做出甜椒杏仁醬，我的食譜多加了一些材料，你也可以加進自己喜歡的東西。

鄉村麵包切粗塊2杯
整顆杏仁½杯
番茄3顆，對半切
紅甜椒1顆，切粗塊
洋蔥1顆，去皮切四等分
墨西哥辣椒1根，切粗段
大蒜2瓣
橄欖油¼杯
紅酒醋½杯
鯷魚切碎1湯匙（可加可不加）
紅糖1湯匙
粗鹽½湯匙
檸檬汁

❶ 取一乾燥平底鍋開中大火，下麵包、杏仁、番茄、甜椒、洋蔥、墨西哥辣椒和大蒜。將食材烤熱，不時翻動，約5-10分鐘即可從爐上移開。

❷ 取小碗裝橄欖油、醋、鯷魚、紅糖和粗鹽混勻，倒進鍋裡與其他食材攪拌均勻，靜置幾分鐘，讓麵包吸收醬汁，若變得太乾可加一點醋。

❸ 將鍋裡的食材全部放進食物調理機或攪拌器，稍微攪拌一下即可，讓食材仍然維持塊狀。加檸檬汁、鹽和胡椒調味。

可做蛋類或肉類大餐的醬汁，單純搭配麵包紅酒也很棒！大約可做4杯醬料。

FLAVORS

每份（¼杯）含**熱量**99卡・**脂肪**6克・**鈉**91毫克・**碳水化合物**9克・**纖維**1克・**蛋白質**3克

份數> 6
烹調時間> 5分鐘

墨西哥辣椒柑橘醬

橘子果醬½杯

清淡橄欖油2湯匙

墨西哥辣椒切碎1湯匙

新鮮荷蘭芹切碎1湯匙

❶ 所有食材裝進小碗混勻,加鹽調味。

大約可做¾杯沾醬,可冷藏3-4天。

這道醬汁很快就能做好,也可以當成醃料,和雞肉特別對味。 ★

每份(2湯匙)含**熱量**106卡·**脂肪**5克·**鈉**97毫克·**碳水化合物**17克·**纖維**0克·**蛋白質**0克

份數> 6
烹調時間> 30分鐘
★ 照片請見第242頁。

桃子酸甜醬

中顆桃子4-6顆,切粗塊(不必去皮)

紅糖½杯

白醋或蘋果醋½杯

檸檬½顆,榨成汁

墨西哥辣椒1根,切碎

新鮮生薑切碎1茶匙

中顆洋蔥½顆,切碎

鹽2茶匙

❶ 所有食材裝進大鍋,開中大火,不時攪拌,直到桃子煮軟,糖漿變成焦糖色,約需20分鐘。完成後放涼。

❷ 放進食物調理機或攪拌器攪拌幾秒,打成

質地均勻的粗粒狀。

大部分的燒烤肉類和烤雞都很適合這種沾醬,大約可做1又½杯,冷藏可保存3-4天。 ★

每份(¼杯)含**熱量**106卡·**脂肪**0克·**鈉**776毫克·**碳水化合物**27克·**纖維**2克·**蛋白質**1克

份數> 4
烹調時間> 5分鐘
★ 照片請見第68頁。

香菜薄荷優格

原味希臘優格⅔杯

新鮮墨西哥辣椒⅓根,去蒂去籽,剁碎

新鮮薄荷葉3湯匙

香菜葉3湯匙

蜂蜜1又½湯匙

小茴香粉⅓茶匙

❶ 所有食材放進攪拌器或食物調理機打成泥,加鹽調味。

可做塔可餅、捲餅和口袋麵包的沾醬。大約可做1杯。

每份(¼杯)含**熱量**57卡·**脂肪**2克·**鈉**19毫克·**碳水化合物**8克·**纖維**0克·**蛋白質**3克

份數> 12
烹調時間> 10分鐘

葡萄乾芒果醬

現成芒果酸甜醬¾杯

黃金葡萄乾½杯

熟成芒果切丁⅓杯

現擠萊姆汁1又½湯匙

香菜切碎3湯匙

紅辣椒片¾茶匙

❶ 取容量一公升的平底鍋裝酸甜醬、葡萄乾、芒果丁和萊姆汁混勻，小火慢煨，不時攪拌，直到葡萄乾膨脹，約需5分鐘。從爐上移開放涼，拌入香菜和紅辣椒片。

用途和一般調味醬一樣，可抹在漢堡或三明治裡，大約可做1又½杯，冷藏可保存3-4天。

每份（2湯匙）含**熱量**82卡·**脂肪**0克·**鈉**171毫克·**碳水化合物**20克·**纖維**0克·**蛋白質**0克

份數> 4
烹調時間> 5分鐘

第戎芥末優格醬

橄欖油1湯匙
大蒜、洋蔥和荷蘭芹剁碎各1茶匙
花椒粒1茶匙（可混和不同顏色）
第戎芥末醬或全籽芥末醬2湯匙
原味優格¼杯
蘋果醋1湯匙

❶ 小平底鍋開中火，加橄欖油煎大蒜、洋蔥、荷蘭芹和花椒粒，直到花椒粒開始膨脹（只需幾秒鐘）。關火，加入芥末醬、優格和醋（醬汁可能會向外濺，建議一手拿鍋蓋以防萬一），攪拌均勻，加鹽和胡椒調味。

依照不同的料理，醬汁可以做顆粒狀或放進攪拌器打成泥。搭配牛排和其他燒烤肉類一起享用，大約可做½杯。

每份（2湯匙）含**熱量**51卡·**脂肪**4克·**鈉**186毫克·**碳水化合物**2克·**纖維**0克·**蛋白質**1克

份數> 8
烹調時間> 10分鐘
★ 照片請見第43頁。

紅辣椒美乃滋

新鮮蛋黃2顆
蘋果醋2湯匙
油2湯匙
黃芥末粉½茶匙
檸檬½顆，榨成汁
烤過的紅辣椒1根（去籽去皮，或買罐裝辣椒）

❶ 所有食材放進攪拌器或食物調理機打碎，加鹽調味，沒吃完的美乃滋要放冰箱。

搭配三明治和漢堡一起享用，大約可做½杯。

大廚秘訣 有個偷吃步的方法，將烤過的紅辣椒、檸檬汁、鹽和½杯現成美乃滋一起放進攪拌器攪拌即可。

每份（1湯匙）含**熱量**49卡·**脂肪**5克·**鈉**36毫克·**碳水化合物**1克·**纖維**0克·**蛋白質**1克

份數> 8
烹調時間> 15分鐘

培根醬汁

培根115克，切碎
紅洋蔥切細絲½杯
巴薩米克醋¼杯
紅糖1茶匙
核桃2湯匙
橄欖¼杯
檸檬½顆，榨成汁

❶ 平底鍋開中大火，將培根煎到酥脆，倒掉鍋裡的油脂，加入洋蔥絲煮到變軟，約需3-5分鐘。

❷ 加醋和糖，煮幾分鐘，直到醬汁稍微變濃稠即可關火。

❸ 加入核桃和油，以檸檬汁、鹽和胡椒調味。

趁熱淋上烤蔬菜、沙拉或香煎雞肉。大約可做1杯，放冰箱冷藏可保存4天左右。

每份（2湯匙）含**熱量**92卡・**脂肪**9克・**鈉**80毫克・**碳水化合物**1克・**纖維**0克・**蛋白質**1克

份數> 4
烹調時間> 5分鐘

蜂蜜檸檬醬汁

墨西哥辣椒剁碎1茶匙
橄欖油2湯匙
蜂蜜2湯匙
檸檬½顆，榨成汁

自由搭配佐料
香草料切碎1湯匙（荷蘭芹、細香蔥、龍蒿）
橘子½顆，榨成汁

❶ 所有食材裝小碗拌勻，加鹽調味。

大約可做½杯。

這道是我的家常醬汁，你可能會覺得這種酸酸甜甜的口感很熟悉，其實本書很多道食譜都有使用。★

每份（2湯匙）含**熱量**92卡・**脂肪**7克・**鈉**70毫克・**碳水化合物**9克・**纖維**0克・**蛋白質**0克

份數> 6
烹調時間> 5分鐘

橘子楓糖醋

橄欖油¼杯
新鮮龍蒿或荷蘭芹切碎1湯匙
大蒜1小瓣
白醋或蘋果醋¼杯
楓糖漿¼杯
橘子果醬1湯匙
香草精1茶匙

❶ 將油、龍蒿和大蒜放進攪拌器或食物調理機，設定慢速將食材攪勻，邊攪拌邊慢慢把醋倒進去，之後加楓糖漿、橘子醬和香草精，再次打勻，最後加鹽和胡椒調味。

適合搭配魚肉或雞肉料理，大約可做¾杯。

每份（2湯匙）含**熱量**122卡・**脂肪**9克・**鈉**98毫克・**碳水化合物**65克・**纖維**0克・**蛋白質**0克

份數> 8
烹調時間> 5分鐘
★ 照片請見第239頁。

巧克力巴薩米克醋

巴薩米克醋1杯
糖¼杯
墨西哥巧克力粉2湯匙（其他牌子亦可）
紅辣椒粉1茶匙

❶ 取小鍋子裝醋和糖，小火煮沸後加入巧克力粉和辣椒粉拌勻，從爐上移開。視巴薩米克醋的酸度加入鹽、糖和巧克力粉調整

FLAVORS

口味。

趁熱澆上烤雞肉或烤豬肉，大約可做1杯。

每份（2湯匙）含**熱量**33卡·**脂肪**1克·**鈉**1毫克·**碳水化合物**7克·**纖維**0克·**蛋白質**0克

份數> 48
烹調時間> 5分鐘

塔可調味粉

辣椒粉1杯
粗粒黑胡椒3湯匙
粗鹽3湯匙
小茴香粉2湯匙

自由搭配佐料
大蒜粉1湯匙
洋蔥粉2湯匙
紅糖1湯匙
原味乾辣椒粉2湯匙
乾燥奧勒岡2湯匙

❶ 所有食材（不包含搭配佐料）混勻，裝進密封容器。

大約可做1又½-2杯。

這就是前面幾個食譜用到的塔可調味粉，可依自己口味調整辣度。★

每份（½湯匙）含**熱量**0卡·**脂肪**0克·**鈉**436毫克·**碳水化合物**0克·**纖維**0克·**蛋白質**0克

份數> 56
烹調時間> 5分鐘

香料

紅糖1杯
猶太鹽½杯
香芹鹽1湯匙
粗粒黑胡椒2湯匙

自由搭配佐料
鼠尾草粉、迷迭香粉和（或）百里香粉
小豆蔻粉、肉桂粉和（或）肉豆蔻粉
紅辣椒粉
黃芥末粉
花椒粒
紅辣椒片

❶ 所有食材充分混勻，裝進夾鍊袋或密閉容器，料理肉類之前將大量香料抹在肉上入味。

大約可做1又¾-2杯。

我們的攝影師朋友盧卡斯·吉爾曼（Lucas Gilman）做這種香料已經有好幾年的經驗，簡直成了專家。我們已經把香料做成簡化版，大部分的肉類都適用，口味可依照個人喜好調整。★

每份（½湯匙）含**熱量**0卡·**脂肪**0克·**鈉**25毫克·**碳水化合物**3克·**纖維**0克·**蛋白質**0克

自由搭配佐料和
替換食材的營養標示

碳水化合物	熱量 （卡）	脂肪 （克）	鈉 （毫克）	碳水化合物 （克）	纖維 （克）	蛋白質 （克）
穀物與麵包						
無麩質麵包1片	110	2	230	22	0	1
鄉村麵包1片	150	2	332	28	2	5
全麥麵包1片	69	1	132	12	2	4
煮熟北非小米1杯	176	0	8	36	2	6
煮熟小米1杯	207	2	3	41	2	6
口袋麵包1塊	165	1	322	33	1	5
煮熟義式玉米餅1杯	170	8	302	24	3	3
煮熟藜麥1杯	185	5	146	30	3	7
墨西哥玉米餅1張	40	1	0	9	1	1
墨西哥全麥玉米餅1張	110	3	320	18	3	5
煮熟義大利麵1杯						
天使麵	221	1	1	42	3	8
蛋麵	213	2	11	40	2	8
彎管麵	221	1	1	43	3	8
無麩質義大利麵	205	1	4	46	4	4
米粒麵	200	1	0	42	2	7
全麥義大利麵	174	1	4	37	6	7
煮熟米飯1杯						
糙米飯	218	2	2	46	4	5
白飯	242	0	0	53	0	5

水果	熱量 （卡）	脂肪 （克）	鈉 （毫克）	碳水化合物 （克）	纖維 （克）	蛋白質 （克）
莓類½杯						
黑莓	31	1	1	7	6	1
藍莓	42	0	1	11	2	1
覆盆子	32	1	1	8	4	1
草莓	25	0	1	6	2	1
水果乾½杯						
蔓越莓乾	185	2	2	50	3	0
黑醋栗乾	204	0	6	54	5	3

水果（續上頁）	熱量（卡）	脂肪（克）	鈉（毫克）	碳水化合物（克）	纖維（克）	蛋白質（克）
椰棗	20	0	0	5	1	0
無花果乾	220	0	0	52	10	2
枸杞乾	197	0	242	41	2	6
葡萄乾	247	1	9	66	3	3
完整水果1顆						
蘋果	29	0	1	8	2	0
香蕉	67	0	1	17	2	1
奇異果	56	0	3	13	3	1
檸檬	22	0	3	12	5	1
萊姆	20	0	1	7	2	0
芒果	135	1	4	35	4	1
橘子	62	0	0	15	3	1
桃子	51	0	0	12	2	1
鳳梨½杯	37	0	1	10	0	1

蔬菜	熱量（卡）	脂肪（克）	鈉（毫克）	碳水化合物（克）	纖維（克）	蛋白質（克）
蘆筍½杯	13	0	1	3	1	1
甜菜根½杯	37	0	176	9	2	1
甜椒½杯	15	0	2	4	2	1
深色花椰菜½杯	16	0	15	3	1	2
奶油瓜½杯	47	0	3	12	0	2
高麗菜½杯	9	0	7	2	1	1
胡蘿蔔1根	25	0	42	6	2	1
芹菜½杯	8	0	41	2	1	1
小黃瓜½杯	8	0	1	2	1	1
青辣椒1根	15	0	856	4	1	1
墨西哥辣椒½杯	14	1	1	3	2	1
羽衣甘藍½杯	17	0	15	4	1	1
蘑菇½杯	11	0	3	2	1	1
洋蔥½杯	32	0	3	8	2	1
防風草根½杯	50	0	7	12	4	1
青豆½杯	59	0	4	10	4	4
馬鈴薯1顆	149	0	13	34	4	4
櫻桃蘿蔔½杯	10	0	23	2	1	1
菠菜½杯	4	0	12	1	1	1
日曬番茄乾½杯	70	1	566	15	4	4
甜玉米½杯	66	1	12	15	2	2
地瓜½杯	57	0	37	14	2	1
番茄½杯	22	0	13	5	1	1
蕪菁½杯	26	0	19	6	3	1

蛋白質	熱量（卡）	脂肪（克）	鈉（毫克）	碳水化合物（克）	纖維（克）	蛋白質（克）
煮熟豆類1杯						
紅豆	294	0	18	57	17	17
鷹嘴豆	269	4	11	45	13	15
紅腰豆	225	1	4	40	13	15
眉豆	249	1	11	45	11	17
蛋1顆						
煎蛋	90	7	94	0	0	6
水煮蛋	78	5	62	1	0	6
水波蛋	71	5	147	0	0	6
炒蛋	102	7	171	1	0	7
肉類						
煮熟培根60克	84	6	384	0	0	6
烤雞肉1杯	214	6	71	0	0	38
火腿薄片60克	100	6	744	2	0	10
鮭魚罐頭90克	118	5	64	0	0	17
臘腸60克	155	13	410	2	1	8
鮪魚罐頭90克	99	1	287	0	0	22
堅果油脂2湯匙						
杏仁牛油	202	18	144	6	2	4
Nutella巧克力醬	200	10	20	23	2	3
花生醬	188	16	147	6	2	8
堅果種籽						
生杏仁10顆	69	6	0	3	2	3
腰果30克	157	12	3	9	1	5
胡桃½杯	377	39	0	8	6	5
松子½杯	455	46	2	9	3	9
芝麻½杯	413	36	8	17	9	13
核桃½杯	386	37	1	6	5	15

乳製品	熱量（卡）	脂肪（克）	鈉（毫克）	碳水化合物（克）	纖維（克）	蛋白質（克）
起司30克						
切達起司	113	9	174	0	0	7
費達起司	75	6	316	1	0	4
梵堤那起司	109	9	224	0	0	7
羊奶起司	103	8	146	1	0	6
蒙特利傑克起司	104	8	150	0	0	7
莫扎瑞拉起司	72	5	175	1	0	7
帕馬森起司	111	7	454	1	0	10
瑞士起司	106	8	54	2	0	8

乳製品（續上頁）	熱量 （卡）	脂肪 （克）	鈉 （毫克）	碳水化合物 （克）	纖維 （克）	蛋白質 （克）
奶油乳酪與優格						
低脂奶油乳酪1湯匙	30	2	70	1	0	1
零脂肪希臘優格240毫升	133	0	87	9	0	24
低脂原味優格240毫升	154	4	172	17	0	13
奶類½杯						
低脂牛奶（1%）	51	1	54	6	0	4
低脂牛奶（2%）	61	3	50	6	0	4
杏仁奶	20	2	90	1	0	1
米漿	40	2	85	6	0	1
脫脂牛奶	43	0	64	6	0	4
豆奶	50	1	45	9	1	2
全脂牛奶	73	4	49	6	0	4

調味料	熱量 （卡）	脂肪 （克）	鈉 （毫克）	碳水化合物 （克）	纖維 （克）	蛋白質 （克）
油與醋1湯匙						
巴薩米克醋	20	0	0	5	0	0
牛油	102	12	82	0	0	0
芥花籽油、葡萄籽油、橄欖油、松露油	120	14	0	0	0	0
蘋果醋、紅酒醋	0	0	0	0	0	0
鹹味料2湯匙						
酸豆	4	0	510	0	0	0
液態胺基酸	0	0	1,800	0	0	0
橄欖	80	8	480	2	0	0
低鹽醬油	16	0	1,066	2	0	2
辣味料2湯匙						
辣醬／Sriracha辣椒醬	0	0	180	0	0	0
現成莎莎醬	9	0	192	2	1	0
甜味料2湯匙						
龍舌蘭花蜜	120	0	0	32	0	0
蘋果醬	42	0	2	11	1	0
紅糖	209	0	16	54	0	0
半糖巧克力豆	56	3	0	8	0	0
蜂蜜	128	0	2	34	0	0
果醬	112	0	12	28	0	0
楓糖漿	104	0	4	26	0	0
黑糖蜜	116	0	14	30	0	0

單位轉換對照表

事前備料

如果食譜需要事前煮好的食材，而手邊剛好沒有現成熟料，請參照以下表格，拿捏下鍋的分量。轉換表僅提供參考值，各品種或品牌的轉換值皆不同。

轉換表只是輔助，不必太執著要算出精準的數量。大部分的事前備料都是碳水化合物，可依照訓練程度強弱調整分量，或者簡單辦，看肚子有多餓就吃多少。

食材	生食	熟食
豆類		
豆子	1杯	2-2½杯
油與醋1湯匙		
北非小米	1杯	2杯
小米	1杯	3½杯
燕麥	1杯	2½杯
義式玉米餅	1杯	4杯
藜麥	1杯	4杯
肉類		
培根	225克	¾-1杯
雞肉	225克	1杯
義大利麵		
天使麵	225克	4 ½ cups
蛋麵	225克	5 cups
彎管麵	225克	4 cups
蝴蝶麵	225克	5 cups
義大利寬麵	225克	3 cups
螺旋麵	225克	3 cups
米粒麵	225克	3 cups
筆管麵	225克	3 ½ cups

食材	生食	熟食
米飯		
糙米	1杯	3杯
長粒米（印度香米）	1杯	3杯
中粒米（泰國香米）	1杯	2½-3杯
短粒米（蓬萊米／壽司米）	1杯	2杯
蔬菜		
甜菜根	225克	1½杯
馬鈴薯（切塊、切丁或搗成泥）	225克	1杯
馬鈴薯（切片）	225克	1¼杯
地瓜	225克	1杯

容量

美式單位		英式單位	
3茶匙 ↔ 1湯匙		1茶匙 ↔ ½液體毫升	
4湯匙 ↔ ¼杯		1杯 ↔ 8液體毫升	
8湯匙 ↔ ½杯		1杯 ↔ ½品脫	
16湯匙 ↔ 1杯		2杯 ↔ 1品脫	
		4杯 ↔ 1夸特	
		2品脫 ↔ 1夸特	
		4夸特 ↔ 1加侖	

重量

公制單位		公制單位	
1茶匙 ↔ 5毫升		1盎司 ↔ 30克	
1湯匙 ↔ 15毫升		2盎司 ↔ 60克	
¼杯 ↔ 30毫升		4盎司 ↔ 115克	
½杯 ↔ 125毫升		8盎司 ↔ 225克	
¾杯 ↔ 175毫升		1磅 ↔ 450克	
1杯 ↔ 250毫升		2磅 ↔ 900克	
1品脫 ↔ 480毫升			
1夸特 ↔ 1公升			

大廚提點 為求方便，數字皆以四捨五入。

買菜清單

水果
- 蘋果
- 香蕉
- 莓類
- 水果乾
- 檸檬／萊姆
- 桃子
- _____
- _____
- _____

蔬菜
- 甜菜根
- 深色花椰菜
- 胡蘿蔔
- 大蒜
- 苦味生菜
- 綜合生菜
- 洋蔥
- 甜椒
- 馬鈴薯／地瓜
- 菠菜
- 瓜類
- 番茄
- _____
- _____
- _____

新鮮香草料
- 羅勒（或九層塔）
- 香菜
- 薄荷
- 荷蘭芹
- 百里香
- _____
- _____
- _____

義大利麵、米飯與穀物
- 北非小米
- 燕麥
- 義大利麵／無麩質義大利麵
- 藜麥
- 米飯
- _____
- _____
- _____

魚、肉類
- 培根
- 牛肉、牛排
- 雞肉
- 魚
- 臘腸
- 火雞肉
- _____
- _____
- _____

麵包
- 無麩質麵包
- 口袋麵包
- 鄉村麵包
- 墨西哥玉米餅
- 全麥麵包
- _____
- _____
- _____

乳製品
- 牛油
- 起司
- 蛋
- 牛奶
- 優格
- _____
- _____
- _____

罐頭食品

- ○ 豆子
- ○ 高湯
- ○ 番茄醬汁
- ○ 鮪魚／鮭魚
- ○ ＿＿＿＿＿＿
- ○ ＿＿＿＿＿＿
- ○ ＿＿＿＿＿＿

烘焙食品

- ○ 發粉
- ○ 巧克力豆
- ○ 麵粉
- ○ 糖
- ○ ＿＿＿＿＿＿
- ○ ＿＿＿＿＿＿
- ○ ＿＿＿＿＿＿

辛香料

- ○ 辣椒粉
- ○ 肉桂
- ○ 咖哩粉
- ○ 肉豆蔻
- ○ 胡椒
- ○ 海鹽
- ○ ＿＿＿＿＿＿
- ○ ＿＿＿＿＿＿
- ○ ＿＿＿＿＿＿

調味品

- ○ 蜂蜜
- ○ 辣醬
- ○ 果醬
- ○ 楓糖漿
- ○ 堅果油脂
- ○ 莎莎醬
- ○ ＿＿＿＿＿＿
- ○ ＿＿＿＿＿＿
- ○ ＿＿＿＿＿＿

廚房用品

- ○ 錫箔紙
- ○ 夾鍊袋
- ○ 錫箔油紙
- ○ 保鮮膜
- ○ ＿＿＿＿＿＿
- ○ ＿＿＿＿＿＿
- ○ ＿＿＿＿＿＿

冷凍食品

- ○ 冷凍蔬菜
- ○ 冷凍鬆餅
- ○ ＿＿＿＿＿＿
- ○ ＿＿＿＿＿＿
- ○ ＿＿＿＿＿＿

調味醬與油

- ○ 橄欖油
- ○ 醬油／液態胺基酸
- ○ 醋
- ○ ＿＿＿＿＿＿
- ○ ＿＿＿＿＿＿

畢朱‧湯瑪斯，南印度人，三歲移民美國，家族人口眾多，包括五個兄弟姊妹和幾位表堂親。畢朱從小看著媽媽和奶奶煮飯，不費吹灰之力就能餵飽一家大小，因而對食物產生興趣。湯瑪斯全家把煮飯當成樂趣，同時也是親情的表現，家人經常互相在廚房裡搶著做飯。

畢朱在家自學廚藝，很快就發現自己對食物有不滅的熱情，於是十五歲進入餐廳工作，迅速升遷主廚，堪稱科羅拉多高人氣廚師，最終成為業界指導顧問，負責研發菜單，協助世界各地的餐廳開業。不過同時，畢朱對單車也是滿腔熱血。一九八〇年代的科羅拉多有7-11車隊，許多締造歷史的車手正值他們的青春年華，畢朱等於在眾多美國偉大車手的環繞下度過童年。

為了結合兩大興趣，畢朱開始負責單車或運動相關的募款餐會和其他餐宴，因緣際會之下結識安迪‧漢普斯敦（Andy Hampsten）、強納森‧瓦爾特（Jonathan Vaughters），進一步接觸早期的Garmin職業自行車隊，也因此遇見亞倫‧林姆。

透過這些人際關係，畢朱和許多頂尖車手一同下廚，分享對食物的喜好，譬如蘭斯‧阿姆斯壯、李維‧萊法莫、湯米‧丹尼爾森（Tommy Danielson）、克里斯汀‧凡德維德，還有新一代的車手班‧金恩和麥特‧布許。

亞倫‧林博士，菲律賓人，四歲開始待廚房看爸媽（中國大陸人）煮飯，不時扮演小幫手的腳色，同時自己學會騎腳踏車。八歲就對食物和單車非常著迷，常常在洛杉磯郊外，騎著髒髒的腳踏車在路上馳騁好幾個小時。亞倫喜歡學一些西方經典料理回家教爸媽，比如有一次到美國朋友家過夜，他就順手學了一道丹佛起司蛋捲。

受到文化交融的啟發，亞倫決定將對單車和食物的興趣發展成正當職業，最終於2004年獲得科羅拉多大學整合生理學博士學位，而且自此幾乎只和職業自行車隊共事。2010年與2011年賽季，他擔任RadioShack車隊的運動科學指導，在此之前也指導過Garmin車隊。他是環法賽唯一一位為車隊服務、下廚的美國科學家，帶過無數車手，包括弗洛依德‧藍迪斯（Floyd Landis）以及振奮人心卻又充滿爭議的環法冠軍，蘭斯‧阿姆斯壯。

運動型食譜：簡單做就美味、提升體能、加速恢復的補給區美食！
The Feed Zone Cookbook: Fast and Flavorful Food for Athletes

作者	畢朱·湯瑪斯&亞倫·林 BIJU THOMAS & ALLEN LIM
譯者	蔡孟儒
總編輯	汪若蘭
執行編輯	蔡曉玲·陳希林
行銷企畫	高芸珮
封面設計	好春設計陳佩琦
內文設計	張凱揚
發行人	王榮文
出版發行	遠流出版事業股份有限公司
地址	臺北市南昌路2段81號6樓
客服電話	02-2392-6899
傳真	02-2392-6658
郵撥	0189456-1
著作權顧問	蕭雄淋律師
法律顧問	董安丹律師

國家圖書館出版品預行編目(CIP)資料

運動型食譜 /畢朱.湯瑪斯 (Biju Thomas), 亞倫.林(Allen Lim)著 ; 蔡孟儒譯. -- 初版. -- 臺北市：遠流, 2013.10
　　面；　　公分. -- (運動館；8)
譯自：The feed zone cookbook : fast and flavorful food for athletes
ISBN 978-957-32-7278-6(平裝)

1.食譜 2.營養

427.1　　　　　　　　　　　　102017815

2013年10月01日　初版一刷
行政院新聞局局版台業字號第1295號
定價　新台幣360元（如有缺頁或破損，請寄回更換）
有著作權·侵害必究 Printed in Taiwan
ISBN　978-957-32-7278-6
遠流博識網 http://www.ylib.com　E-mail: ylib@ylib.com

★
封面、食譜、第ii、iii、17、23頁照片 潔妮·瑟斯頓，Fototails攝影
第v、ii-iii（跨頁）、iv、1-2、4-6、9、11、19、22、24、27、84-85頁照片 卡洛琳·崔德威
第vi頁照片 凱西·B·吉勃遜
第15頁照片 葛漢·華生
第297頁照片 傑米·柯瑞普奇
營養顧問 梅根·福柏斯，認證營養師，福伯斯營養顧問公司

烹調新視界　安全看得見

透過VISIONS晶彩透明鍋獨特的透明陶瓷玻璃，可清晰看透烹調過程，避免溢出或乾燒的危險，安全烹調超輕鬆。
適用於瓦斯爐、烤箱、微波爐、洗碗機，能承受400度溫差的超耐熱材質，冰箱冷藏後直接烹調也完全沒問題。
VISIONS開啟烹調新視界，您一定要煮-看-看！

傳統的金屬鍋

VISIONS晶彩透明鍋

適用烤箱微波爐 ｜ 品質保證耐用 ｜ 不滲水且衛生 ｜ 絕不殘留異味 ｜ 材質易於清洗 ｜ 獨家十年保固

VISIONS®
Visibly Pure. Healthy Cooking.

康寧 心 Heart of the Home.

總代理：花仙子
花仙子企業股份有限公司
網址：www.worldkitchen.com.tw
免付費服務專線：0800-013-482
https://www.facebook.com/WorldKitchen

CORELLE® 最具健康概念的頂級餐具

獨家VITRELLE玻麗V瓷太空科技，不僅以三層強化玻璃提升強度與耐用度，平滑柔順的表面，就像為餐具注入了永久如新的魔力，同時，無毛孔般的玻璃瓷面，清洗容易、抗菌不沾污，讓您盡享安心、健康飲食的完美體驗！